ARBEITSBUCH FÜR GYMNASIEN

LÖSUNGEN

Herausgegeben von

Henning Körner

Arno Lergenmüller

Günter Schmidt

Martin Zacharias

MATHEMATIK NEUE WEGE 8
Arbeitsbuch für Gymnasien

Lösungen

Herausgegeben und bearbeitet von

Armin Baeger, Miriam Dolić, Frank Förster, Aloisius Görg, Prof. Dr. Johanna Heitzer, Charlotte Jahn, Henning Körner, Arno Lergenmüller, Kerstin Peuser, Michael Rüsing, Jan Schaper, Olga Scheid, Prof. Günter Schmidt, Thomas Vogt, Laura Witowski, Martin Zacharias

westermann GRUPPE

© 2015 Bildungshaus Schulbuchverlage
Westermann Schroedel Diesterweg
Schöningh Winklers GmbH, Braunschweig
www.schroedel.de

Das Werk und seine Teile sind urheberrechtlich geschützt. Jede Nutzung in anderen als den gesetzlich zugelassenen Fällen bedarf der vorherigen schriftlichen Einwilligung des Verlages. Hinweis zu § 52a UrhG: Weder das Werk noch seine Teile dürfen ohne eine solche Einwilligung gescannt und in ein Netzwerk eingestellt werden. Dies gilt auch für Intranets von Schulen und sonstigen Bildungseinrichtungen.
Auf verschiedenen Seiten dieses Buches befinden sich Verweise (Links) auf Internet-Adressen. Haftungshinweis: Trotz sorgfältiger inhaltlicher Kontrolle wird die Haftung für die Inhalte der externen Seiten ausgeschlossen. Für den Inhalt dieser externen Seiten sind ausschließlich deren Betreiber verantwortlich. Sollten Sie bei dem angegebenen Inhalt des Anbieters einer Seite auf kostenpflichtige, illegale oder anstößige Inhalte treffen, so bedauern wir dies ausdrücklich und bitten Sie, uns umgehend per E-Mail davon in Kenntnis zu setzen, damit beim Nachdruck der Verweis gelöscht wird.

Druck A^3 / Jahr 2017
Alle Drucke der Serie A sind im Unterricht parallel verwendbar.

Redaktion: Kira von Bülow
Grafiken: imprint, Ilona Külen, Zusmarshausen
Umschlaggestaltung: Janssen Kahlert Design & Kommunikation GmbH, Hannover
Umschlagbild: mauritius images, Mittenwald (The Copyright Group)
Satz: imprint, Zusmarshausen
Druck und Bindung: westermann druck GmbH, Braunschweig

ISBN 978-3-507-**85627**-1

Inhalt

Vorbemerkungen 4
Zu diesem Buch 4
Bemerkungen zu den Inhalten von Band 8 6

Kapitel 1 Sprache der Algebra
Didaktische Hinweise... 9
Lösungen 11

Kapitel 2
Vierecke und Vielecke – Konstruieren, Definieren und Begründen
Didaktische Hinweise... 35
Lösungen 37

Kapitel 3
Lineare Funktionen
Didaktische Hinweise... 51
Lösungen 53

Kapitel 4
Systeme linearer Gleichungen
Didaktische Hinweise... 84
Lösungen 86

Kapitel 5
Reelle Zahlen
Didaktische Hinweise... 104
Lösungen 106

Kapitel 6
Flächen- und Rauminhalte
Didaktische Hinweise... 119
Lösungen 120

Kapitel 7
Statistik
Didaktische Hinweise... 138
Lösungen 139

Vorbemerkungen

Dieses Lösungsheft richtet sich in erster Linie an die Lehrenden.

Die Lösungsskizzen gestatten einmal einen schnellen Überblick über Anspruch und Intention der vielfältigen Aufgaben, zum anderen weisen sie vor allem bei den komplexeren und offenen Aufgaben auf verschiedene Lösungswege hin, wie sie von den Lernenden individuell beschritten werden können. Zusätzlich erläutern die kurzen didaktischen Hinweise vor den Lösungen zu jedem Kapitel noch einmal die konzeptionellen Anliegen der einzelnen Kapitel.

Die Lösungen und Lösungshinweise sind andererseits aber von der Sprache und dem Umfang so gehalten, dass sie je nach der gewählten Unterrichtsform und Entscheidung der Unterrichtenden meist auch den Lernenden zur Verfügung gestellt werden können. Dies entspricht unserer Auffassung von eigentätigem und selbstständigem Lernen und dem Erwerb von Lernstrategien, die diesem Buch zugrunde liegt.

Viele Aufgaben in diesem Buch sind auf selbsttätige Aktivitäten ausgerichtet und fördern erfahrendes schüleraktives Lernen durch handelndes Entdecken von Sachzusammenhängen in Experimenten und offenen Aufgabenstellungen. Häufig werden verschiedene Lösungswege explizit herausgefordert. Insofern stellen viele der dargestellten Lösungen nur eine von vielen Möglichkeiten dar. Bei Aktivitäten, die auf Erfahrungsgewinn durch Handeln zielen, haben wir teilweise auf die Darstellung von Lösungen verzichtet und vielmehr die bei der Bearbeitung durch die Schülerinnen und Schüler aktivierten Kompetenzen und Denkprozesse für binnendifferenzierende Ansätze im Unterricht erörtert.

Zu diesem Buch

Dieses Buch verfolgt hinsichtlich Konzeption und Gestaltung den für Mathematik NEUE WEGE typischen, alternativen Ansatz eines Schulbuchs für den Mathematikunterricht am Gymnasium. Es greift schüleraktiven, problemorientierten Unterricht als Alternative zu einem traditionellen Unterrichtsgang auf und berücksichtigt in mehrfacher Hinsicht die konstruktiven Ansätze, die im Zusammenhang mit der Diskussion um die Allgemeinbildung im Mathematikunterricht und über die Ergebnisse und Folgerungen aus der PISA- und TIMS-Studie in den letzten Jahren entwickelt wurden:

1. Das Buch unterstützt eine Unterrichtskultur, in der die absolute Dominanz des Grundschemas:
   kurze Einführung → algorithmischer Kern (Kasten) → Üben
   überwunden wird zugunsten einer **Methodenvielfalt mit offenen und schüleraktiven Lernformen.**

Dies zeigt sich zunächst in der Gliederung jedes Lernabschnittes in drei Ebenen grün – weiß – grün. In der **1. grünen Ebene** werden **verschiedene treffende Zugänge zum Thema** des Lernabschnitts angeboten. Dies geschieht in Form von interessanten, aktivitäts- und denkanregenden Aufgaben, die die unterschiedlichen Interessen und Lerntypen ansprechen. Die alternativ angebotenen Aufgaben zielen auf die aktive Auseinandersetzung mit den Kerninhalten des Lernabschnitts. Sie sind schülerbezogen, situationsgebunden und handlungsauffordernd gestaltet und knüpfen an die Vorerfahrungen der Lernenden an. Sie sind weitgehend offen formuliert und regen zu unterschiedlichen Lösungsansätzen an.

Die weiße Ebene beginnt mit einer kurzen Hinleitung zum zentralen Basiswissen, das im hervorgehobenen **Kasten** festgehalten wird. Anschließend wird dieser Inhalt auf vielfältige Weise auf-

und durchgearbeitet und gefestigt (→ „intelligentes Üben"). Die **Aufgaben** hierzu sind kurz und abwechslungsreich, sie beinhalten neben dem operatorischen Durcharbeiten auch Anwendungen und Vernetzungen, selbstverständlich auch Übungen zum Ausformen von Routinen. In eigens gekennzeichneten Icons werden Möglichkeiten zur Selbstkontrolle und Tipps zum eigenständigen Lösen angeboten.

Die 2. grüne Ebene ist der **Erweiterung und Vertiefung** gewidmet. In dieser Ebene befinden sich die fakultativen Inhalte eines Lernabschnitts. Ein wesentlicher Gesichtspunkt ist dabei die Einbindung der Aufgaben in Kontexte und Anwendungen. Ein zweiter Aspekt zielt auf offenere Unterrichtsformen (Experimente, Gruppenarbeit, Projekte), ein dritter auf passende Anregungen zum Problemlösen (Knobeleien). Die Aufgaben sind auch äußerlich unter solchen Aspekten zusammengefasst. Zusätzlich finden sich hier auch lebendig und anschaulich gestaltetet Lesetexte und Informationen.

2. Den Aufgaben liegt in allen Ebenen eine Auffassung des **„intelligenten Übens"** zugrunde.

Dies richtet sich in erster Linie wider eine einseitige Ausrichtung an schematischem, schablonenhaftem Einüben von Kalkülen und nacktem Begriffswissen zugunsten eines vielfältigen Übens des Verstehens, des Könnens und des Anwendens. Intelligentes Üben bedeutet nicht, dass die Aufgaben überwiegend auf anspruchsvollere Fähigkeiten und komplexere Zusammenhänge zielen. Es sind auch hinreichend viele Aufgaben vorhanden, die einfaches Können stützen und dies auch für den Lernenden erfahrbar machen. Weitere Konstruktionsaspekte beim Aufbau der Aufgaben zum intelligenten Üben:

- Die Übungen sind nicht als vom Lernvorgang isolierte „Drillphasen" abgesetzt, vielmehr sind sie Bestandteil des Lernprozesses.
- Die Übungen sind im Umkreis von einfachen Problemen angesiedelt und durch übergeordnete Aspekte zusammengehalten. Die Probleme erwachsen aus der Interessen- und Erfahrungswelt der Schüler.
- Die Übungen ermöglichen auch häufig kleine Entdeckungen oder vergrößern das über die Mathematik hinausweisende Sachwissen. Auf diese Weise kann Üben dann mit Spaß und Freude bei der Anstrengung verbunden sein.
- Die Übungen sind häufig produktorientiert. In der Geometrie geschieht dies durch das Herstellen von Körpern oder das Zeichnen ansprechender Muster oder Figuren. In anderen Bereichen können selbst (Sach-) Aufgaben oder eigene Zahlenrätsel, Diagramme und Berichte o. ä. erstellt werden.

3. Stärkere Berücksichtigung von Aufgaben
    - für offene und kooperative Unterrichtsformen
    - mit fächerverbindenden und fächerübergreifenden Aspekten
    - zur gleichmäßigen Förderung von Jungen und Mädchen
    - mit der Möglichkeit zum Vergleich unterschiedlicher Lösungswege
    - für den konstruktiven Umgang mit Fehlern
    - für das Bewusstmachen und den Erwerb von Strategien für das eigene Lernen

4. Die Fähigkeiten zum Problemlösen werden kontinuierlich herausgefordert und trainiert.

Dies geschieht unter zwei Leitaspekten: Einmal wird in vielfältigen Anwendungssituationen der Prozess des Modellierens verdeutlicht und immer wieder mit allen Stufen eingeübt. Zum anderen werden die Strategien des Begründens und Beweisens und des kreativen Konstruierens behutsam an innermathematischen Problemstellungen entwickelt und bewusst gemacht. Für beide Aspekte werden hilfreiche Methodenkenntnisse und Strategien im übersichtlich gestalteten „Basiswissen" festgehalten.

5. Die Sprache des Buches ist einfach, griffig sowie alters- und schülerangemessen.

Das Buch unterstützt vom Kontext der Aufgaben und von der Sprache her die Entwicklung und den Ausbau von Begriffen als Prozess. Dazu dient auch die konsequente Visualisierung mit Fotos, Skizzen und Diagrammen, sowohl zur Motivation, zum Strukturieren, zum Darstellen eines Sachverhaltes als auch zum leichteren Merken von Zusammenhängen!

6. Das Buch unterstützt kumulatives Lernen, d.h. die Lernenden erfahren deutlich Zuwachs an Kompetenz.

Dies wird durch verschiedene Gestaltungselemente erreicht:
- Zunächst werden Wiederholungsaufgaben in Neuerwerbsaufgaben eingebettet.
- Zusätzlich erscheinen Wiederholungen im sogenannten **„Check-up"**. Hier gibt es übersichtliche Zusammenfassungen und zusätzliche Trainingsaufgaben, zu denen die Lösungen am Ende des Buches zu finden sind.
- Am Ende eines Kapitels befinden sich übergreifende Übungen im Abschnitt **„Sichern und Vernetzen – Vermischte Aufgaben"**, deren Lösungen im Internet unter *www.schroedel.de/NW-85626* zu finden sind. Hier werden gezielt Übungen den Aufgabenbereichen *Trainieren, Verstehen* und *Anwenden* zugeordnet, um die Fachinhalte eines Kapitels vertiefend zu behandeln und das Verstehen der jeweils dahinterliegenden mathematischen Fertigkeiten zu fördern.
- Dem Aufgreifen und Sichern von früherem Wissen und Fähigkeiten sowie zur vernetzten und binnendifferenzierenden Gestaltung von Unterricht dient ein weiteres Element, die sogenannten **„Kopfübungen"**, die häufig am Ende der weißen Ebene auftauchen. Die Kopfübungen beinhalten kleine Aufgaben zu Basiswissen und Basisfertigkeiten. Diese greifen auf vorher behandelte Begriffe, Fähigkeiten und Fertigkeiten zurück.

7. Das Buch wird eingebettet in eine integrierte Lernumgebung.

Diese Elemente sind:
- Aufforderungen und Anregungen zur **Nutzung von „elektronischen Werkzeugen"** Graphischer Taschenrechner (GTR), Tabellenkalkulation (TK) und Dynamischer Geometriesoftware (DGS) und des Internets in vielen Aufgaben und Projekten des Buches.
- Ausführliche Kommentare und Anregungen zur Vermittlung wesentlicher Kompetenzen und Basisfähigkeiten in **didaktischen Kommentaren** zu den einzelnen Kapiteln des Buches im Lösungsheft und in digitale Begleitmaterialien.
- Zusätzliche **Übungsmaterialien** in Kopiervorlagen (Doppelbände für die Jahrgangsstufen 5/6, 7/8 und 9/10). Diese unterstützen und erweitern insbesondere die im Lehrwerk bereits konsequent berücksichtigten Anliegen des Aufbaus grundlegender mathematischer Basisfähigkeiten und des kontinuierlichen Sicherns des dazu gehörigen Basiswissens. Sie bieten damit eine weitere effektive Hilfe für die Realisierung des kumulativen Lernens.

Auf das Buch abgestimmte
- **e-learning-Materialien**, mit denen einmal das selbstregulierte individuelle Lernen (Adaption an das Lernerprofil) gestützt wird und zum anderen interaktive Zugänge zu Themenfeldern zum explorativen Lernen angeboten werden.

Bemerkungen zu den Inhalten von Band 8

Die Inhalte decken den Kernlehrplan Mathematik für das Gymnasium, Sekundarstufe I, voll ab. Über den Plan hinausgehende Stoffe zur Ergänzung und Vertiefung, die bei Zeitknappheit im Unterricht weggelassen werden können, sind im Inhaltsverzeichnis als Zusatzstoffe gekennzeichnet.

Das Kapitel **1** *„Sprache der Algebra"* folgt den gleichen Prinzipien wie die Einführung in die Algebra in Band 7. Die ersten drei Lernabschnitte erweitern sukzessive die Fähigkeiten zum Aufstellen, Interpretieren und Umformen von Termen bis zu den Binomischen Formeln, immer im Zusammenhang mit dem Erkennen von Termstrukturen. Die zunehmende Abstraktion wird weiterhin durch Berücksichtigung vielfältiger Anschauungshilfen und geometrischer Bezüge gestützt. Im vierten Lernabschnitt werden diese Kenntnisse beim Aufstellen und Lösen von Gleichungen und Ungleichungen angewendet. Im letzten Lernabschnitt der weißen Ebene werden (als Zusatzstoff) auch Formvariable und Parameter in Termen und Gleichungen (Formeln) einbezogen und in Anwendungen (auch Tabellenkalkulation) vorteilhaft genutzt.

Im Kapitel **2** *„Vierecke und Vielecke – Konstruieren, Definieren und Begründen"* werden die Vorerfahrungen aus den früheren Klassen aufgegriffen und in systematischerer Weise weiterentwickelt. Über das Konstruieren von Vierecken werden noch einmal deren definierende Eigenschaften bewusst, dabei wird das Definieren als Prozess eigens thematisiert und geübt („Was ist eine gute Definition?"). Ein eigene Seite (S. 67) ist den Eigenschaften von Vierecken in Anwendungen gewidmet, hier spielen die Gelenkparallelogramme eine besondere Rolle. Mit dem *„Ordnen in der Vielfalt"* im zweiten Lernabschnitt (Zusatzstoff) wird rund um das „Haus der Vierecke" die ordnende Kraft systematischer Darstellungen in Tabellen, Diagrammen und lokalen Ordnungssystemen erfahren. Dabei werden gleichzeitig viele Gelegenheiten zum Formulieren mathematischer Sätze in der „Wenn-Dann-Form" und zum eigenständigen Definieren geboten. Der letzte Lernabschnitt thematisiert das *„Entdecken und Begründen mathematischer Sätze"* am Beispiel bekannter (Thales, Mittellinien im Dreieck) und weniger bekannter (Varignon, Viviani) geometrischer Lehrsätze. Dabei werden zwei Ziele verfolgt: Zum einen soll neben der Einsicht, dass es notwendig ist, Zusammenhänge, die an Beispielen entdeckt wurden, allgemein zu begründen, vermittelt werden, dass es beim Beweisen auch um die Frage geht, „warum" ein bestimmter Sachverhalt gilt und wie man dies einsehen kann. Zum anderen soll das Beweisen bzw. typische Heurismen zum Beweisen trainiert werden und damit eine systematischere Herangehensweise entwickelt werden. Deshalb werden viele Tipps und Hilfen zum Beweisen angeboten und vielfältige Möglichkeiten zum Entdecken interessanter Zusammenhänge gegeben.

Im Kapitel **3** werden *„Lineare Funktionen"* ausführlich behandelt. Die *„Einführung in lineare Funktionen"* erfolgt über Zuordnungen, die Eigenschaften werden über *„Entdeckungen am Graphen der linearen Funktion"* thematisiert und angewandt. Die besondere Bedeutung der linearen Funktion im Zusammenhang mit der Ausgleichsgeraden wird altersstufengerecht im dritten Lernabschnitt *„Anwendungen – Modellieren mit linearen Funktionen"* herausgestellt. Weiterhin werden Anwendungen unter dem Aspekt des Modellierens in vielfältigen Situationen geübt. In einem letzten Lernabschnitt werden zeitgemäß auch die *„Geraden in Parameterform"* (als Zusatzstoff) behandelt.

Im Kapitel **4** *„Systeme linearer Gleichungen"* werden die erworbenen Kenntnisse über lineare Funktionen sowohl zur Veranschaulichung der algebraischen Verfahren als auch zu eigenen grafischen Lösungsverfahren genutzt, dabei werden die verschiedenen Verfahren für *„Lineare Gleichungen und Gleichungssysteme"* nicht isoliert betrachtet. Sowohl in einem eigenen Abschnitt *„Anwendungen – Modellieren mit linearen Gleichungssystemen"* als auch im Zusammenhang mit *„Lineare Ungleichungen und lineares Optimieren"* (als Zusatzstoff) wird wiederum das Modellieren thematisiert und trainiert.

Im Kapitel **5** *„Reelle Zahlen"* wird der Begriff der Wurzel über die Umkehroperation zum Quadrieren eingeführt und somit der Weg *„Von den rationalen zu den irrationalen Zahlen"* beschritten. Die Bestimmung von Wurzeln erfolgt vielfältig mit einfachen Schätzverfahren, mit dem Taschenrechner, in geometrischen Zusammenhängen. Aus den beim Rechnen erfahrenen Problemen mit den Näherungswerten wird dann schließlich die notwendige Zahlbereichserweiterung mit den irrationalen Zahlen thematisiert, hier sowohl mit geschichtlichen Bezügen als auch mit der Weiterentwicklung von Beweisverfahren (indirekter Beweis). Ein eigener Lernabschnitt ist verschiedenen *„Näherungsverfahren und Beweisen"* zur Wurzelbestimmung gewidmet (als Zusatzstoff). Dabei wird das Thema Iterationen aufgegriffen und weitergeführt. Ein letzter Lernabschnitt (wiederum Zusatzstoff) ist dem algebraischen *„Rechnen mit Wurzeln"* gewidmet.

Im Kapitel **6** *„Flächen- und Rauminhalte"* wird in besonderem Maße die Verbindung von Geometrie und Algebra herausgestellt. Die Bestimmung von *„Flächeninhalt von Vielecken"* wird zunächst über das Zerlegen und Ergänzen einsichtig erarbeitet und angewandt. In einem zweiten Lernabschnitt werden mithilfe eigener Experimente die Formeln zur Berechnung von *„Umfang und Flächeninhalt des Kreises"* einsichtig. Die Berechnungen von *„Raum- und Oberflächeninhalten von Prismen und Zylindern"* werden parallel behandelt, und damit wird ein weiterer Beitrag zur Entwicklung der Raumvorstellung geleistet. Ein eigener Anwendungsteil ist an Themenbereichen (Dächer, S. 215 und Deichbau, S. 216) orientiert. Den Abschluss bildet ein kurzer Lernabschnitt (Zusatzstoff), in dem das Training zur *„Raumvorstellung"* aus den vorhergehenden Bänden fortgesetzt wird.

Kapitel **7** *„Statistik"* erweitert die bereits in den Bänden 5 („Zahlen in Bildern"), 6 („Statistische Daten") und 7 („Prozente in Tabellen und Diagrammen") angesprochenen Elemente der beschreibenden Statistik. Geht es in dem ersten Lernabschnitt *„Daten und Diagramme"* zunächst noch einmal um das Darstellen von Daten und die Wahl der Darstellungsart, so bilden die Interpretation und sachgerechte Verwendung der verschiedenen *„Mittelwerte, und Streumaße"* einen Schwerpunkt im zweiten Lernabschnitt. Hierbei wird auch die Verwendung von „Boxplots" zur übersichtlichen Darstellung dieser Lage- und Streuparameter thematisiert. Der letzte Lernabschnitt *„Sammeln und Auswerten von Daten"* gibt zusammenfassend Tipps zur Durchführung und Auswertung von Projekten aus dem Bereich der beschreibenden Statistik.

Kapitel 1
Sprache der Algebra

Didaktische Hinweise

Dieses Kapitel folgt den gleichen Prinzipien wie die Einführung in die Algebra in Band 7.

Es baut auf einer Vielzahl von einzelnen Vorübungen ab Klasse 5 auf:
- Rechenterme in den Zahlbereichen $\mathbb{N}$ und $\mathbb{Q}$,
- einfache Gleichungen in diesen Zahlbereichen,
- einfache Formeln und Terme beim Erkunden von Zahlenmustern und beim Berechnen von Größen in Sachzusammenhängen und geometrischen Beziehungen,
- Terme im Zusammenhang mit Zuordnungen (1.5 in Band 7)
- Gleichungen und Terme (Kapitel 5 in Band 7)

Diese Voraussetzungen werden aufgegriffen, noch einmal bewusst gemacht und schrittweise im Sinne eines Aufbaus der „Sprache der Algebra" weiter geführt.

Dabei werden neuere lernpsychologische und didaktische Erkenntnisse konsequent berücksichtigt. Dies bedeutet einmal eine stärkere Betonung des Bedeutungsaspektes von Termen (Aufstellen und Interpretieren), zum anderen eine Einbettung des (syntaktischen) Manipulierens in sinnhafte und anschauliche Zusammenhänge.

Die ersten drei Lernabschnitte erweitern sukzessive die Fähigkeiten zum Aufstellen, Interpretieren und Umformen von Termen bis zu den Binomischen Formeln, immer im Zusammenhang mit dem Erkennen von Termstrukturen. Die zunehmende Abstraktion wird weiterhin durch Berücksichtigung vielfältiger Anschauungshilfen und geometrischer Bezüge gestützt. Im vierten Lernabschnitt werden diese Kenntnisse beim Aufstellen und Lösen von Gleichungen und Ungleichungen angewendet. Im letzten Teil der weißen Ebene dieses Lernabschnitts werden auch Formvariable und Parameter in Termen und Gleichungen (Formeln) einbezogen und in Anwendungen (auch Tabellenkalkulation) vorteilhaft genutzt.

In allen Lernabschnitten wird besonderer Wert auf die allmähliche Herausbildung der algebraischen Fachsprache gelegt, die Lernenden erfahren die Vorteile dieser Sprache an für sie einsichtigen Problemstellungen und werden selbsttätig an den Stufen einer Präzisierung beteiligt.

Im Lernabschnitt **1.1** wird das *Rechnen mit Termen* mit Summen und Produkten weiter geführt. Das Verständnis für solche Termstrukturen wird durch Rechenbäume und geometrische Interpretationen (Flächen- und Rauminhalte) und Anwendungen gestützt. Bei dem vielfältigen „Termtraining" wechseln operatorische Übungen mit strukturellen Analysen und inhaltlichen Bezügen ab. Bei geometrischen Problemstellungen werden jeweils unterschiedliche Termbeschreibungen herausgefordert und deren Äquivalenz durch Termumformungen nachgewiesen.

Das Anwenden des Distributivgesetzes beim Setzen und Auflösen von Klammern steht im Lernabschnitt **1.2** im Vordergrund. Der Lernende erfährt dies als wesentliche Hilfe beim Übersetzen von gegebenen Problemstellungen in den passenden Term. Das Üben ist nach den gleichen Prinzipien wie in 1.1 aufgebaut, beim Training am Rechenbaum und beim Training mit Flächenberechnungen wird das Verständnis zusätzlich durch die Eigenkonstruktion von Aufgaben gesichert. Über Zahlentricks, Kontobewegungen und andere Anwendungsbezüge werden das Aufstellen und Umformen von Klammertermen in sinnhafte Zusammenhänge eingebettet.

Im Lernabschnitt **1.3** werden die *Produkte von Summen* thematisiert, die binomischen Formeln werden als Spezialfall der allgemeinen Regeln herausgestellt. Als Verständnis- und Handlungshilfen werden geometrische Interpretationen („mit Bildern rechnen") und griffige Tabellen („Rechteckdiagramme") sowohl bei der Herleitung als auch beim Üben eingesetzt. Der insgesamt reichhaltige Übungsteil ist auch in diesem Lernabschnitt mit Aspekten wie „Fehler vermeiden", „Aus Fehlern lernen", „Variationen und Verallgemeinern" und inner- und außermathematischen Anwendungen abwechslungsreich gestaltet.

Der Lernabschnitt **1.4** *Gleichungen und Rechnen mit Formeln* greift die in Kapitel 5 von Band 7 eingeführten Strategien wieder auf und führt sie mit den nun erweiterten Termumformungen weiter. Das zugehörige Basiswissen stellt das Gleichungslösen wiederum als Problemlösungs- bzw. Modellierungsprozess dar. Das Aufstellen der Gleichung entspricht dem ersten Modellierungsschritt, dem Übersetzen des Problems in ein mathematisches Modell. Innerhalb des Modells wird die Gleichung nach einer der Methoden gelöst, die festgehaltene Lösung wird durch die Einsetzprobe überprüft. Für den Rückbezug zur Ausgangssituation steht anschließend noch die Problemprobe an, hier wird überprüft, ob die gefundene mathematische Lösung wirklich eine Lösung des Ausgangsproblems darstellt. Diese Strategie wird dann auf die Ungleichungen übertragen. Der letzte Teil dieses Lernabschnitts führt mit Hilfe von Gleichungen und Formeln mit Parametern zu einer der Altersstufe angemessenen höheren Abstraktion. Dabei wird der Umgang mit Formvariablen unter anderem durch den Einsatz der Tabellenkalkulation als sinnhaft und nützlich erfahren. Neben Anwendungen aus verschiedenen Anwendungsgebieten werden auch Themen aus der Prozent- und Zinsrechnung wieder aufgegriffen und mit dem Umstellen geeigneter Formeln bearbeitet. Schließlich werden die Problemlöse- und Begründungsfähigkeiten durch die Verbindung von Geometrie und Algebra weiter entwickelt.

Den Abschluss des Kapitels bilden, wie auch in den folgenden Kapiteln, die zusammenfassende Darstellung der neu erarbeiteten Inhalte im „Check-up" und übergreifende Übungen zum Trainieren, Verstehen und Anwenden im Abschnitt „Sichern und Vernetzen – Vermischte Aufgaben".

Lösungen

1.1 Rechnen mit Termen

1 *Zahlenraten*

a)
x	x + 5	(x + 5) · 3	(x + 5) · 3 − 15
2	7	21	6
5	10	30	15
27	32	96	81
2,4	7,4	22,2	7,2
−2	3	9	−6

b) In der letzten Spalte steht immer das Dreifache der gedachten Zahl.
Dies kann man dem Term ansehen: $(x + 5) \cdot 3 − 15 = x \cdot 3 + 5 \cdot 3 − 15 = 3 \cdot x$

2 *Bekannte Gesetze in neuem Kleid*

a) (1) Kommutativgesetz der Addition   (KG +)
(2) Distributivgesetz (DG)
(3) Assoziativgesetz der Multiplikation   (AG ·)
(4) Kommutativgesetz der Multiplikation   (KG ·)
(5) Distributivgesetz (DG)
(6) Assoziativgesetz der Addition   (AG +)

b) (1) KG +   (2) DG (Klammer auflösen)
(3) AG +   (4) KG ·
(5) AG +   (6) DG (ausklammern)
(7) KG +   (8) DG (Klammer auflösen)

3 *Eine Fläche – vier Terme*

a) (1) Nicole, (2) Oskar, (3) Mathias, (4) Theresa

b)
x	12 m	8 m	10 m
Fläche	112 m²	72 m²	92 m²

c) Mathias Term ist der einfachste.
Alle Terme lassen sich auf $10x − 8$ vereinfachen.

4 *Terme haben einen Namen.*

a) (1) Produkt

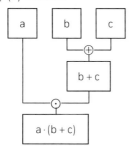

11 [4] (2) Differenz

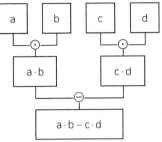

(3) Quotient

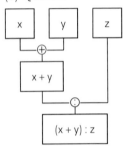

(4) Quotient

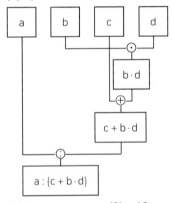

b) (1) 1   (2) −13   (3) 2   (4) −0,25

13 [5] *Begründen mit Gesetzen*
a) gleichwertig (KG +)
b) nicht gleichwertig (KG gilt nicht bei Subtraktion)
   Beispiel: $1 - 7 = -6$ aber $7 - 1 = 6$
c) gleichwertig (Zusammenfassen)
d) nicht gleichwertig (Beispiel: $6 \cdot 1 - 6 = 0 \neq 6$)
e) gleichwertig (AG ·)
f) nicht gleichwertig (Beispiel: $9 \cdot (1 + 1) = 18$, $9 + 1 = 10$)
g) gleichwertig (AG +, Ordnen, Zusammenfassen)
h) gleichwertig (DG)
i) gleichwertig (AG +)
j) gleichwertig (DG)

13 ⟨6⟩ *Namen*
a) Summe

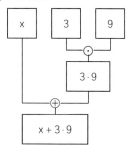

b) Summe

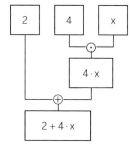

c) Produkt

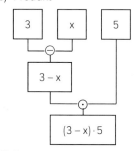

d) Summe

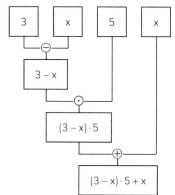

13

6 e) Summe (Lösung im Buch)
f) Differenz

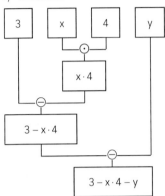

7 *Geschichten zum Distributivgesetz*
1) $0{,}2 \cdot x$
2) $0{,}2 \cdot x + 0{,}3 \cdot x = 0{,}5 \cdot x$

8 *Weitere Geschichten zum Distributivgesetz*
x entspricht dem Preis einer Kinokarte.
y entspricht der Anzahl der wartenden Kinder.
z entspricht der Anzahl der Kinder, die zu spät kommen.
Zur Geschichte 1 passt der Term: $x \cdot (y + z)$
Die Geschichte 2 passt zum Term: $x \cdot y + x \cdot z$

14

9 *Volumenänderung eines Quaders*
Das Volumen vergrößert sich um das 12fache.
Erster Term: die Seiten werden verdoppelt (mal 2) und die Höhe verdreifacht (mal 3).
Zweiter Term: Distributivgesetz der Multiplikation
Dritter Term: Berechnung der ersten Klammer im zweiten Term
Die Terme sind gleichwertig.

10 *Term für einen Dreiecksumfang*
$U(x) = 11x - 2$

x	4x − 3	5x − 2	2x + 3	Summe	U(x) = 11x − 2
1	1	3	5	9	9
2	5	8	7	20	20
2,5	7	10,5	8	25,5	25,5
5	17	23	13	53	53

15

11 *Vereinfachen*
a) $36\,ab$
b) $2{,}5\,xy$
c) $2x^2y^2$
d) $-18\,ab$
e) $21\,xy$
f) $-x^2y$
g) $18x^3y^2$
h) x^2y^2

12 *Erklären mit Bild*
Das Rechteck ist 2y breit und 3x lang. Es besteht aus 6 xy-Flächen. Geht man ein x lang und ein y hoch, erhält man xy (wie bekannt). Daher kann die Multiplikation bei 2 Variablen als Flächeninhaltsberechnung ansehen werden und bei 3 Variablen als Volumenberechnung.

13 *Einfache Terme erzeugen*
a) 10a
9y
9b
6x
0,4t
b) 2x + 2
2,5x + 3,5
8y + 8
a
12a + 12
c) 2a + b
3a + 9b
x + 2y
x + 8
5b − 5a

14 *Lücken füllen*
a) 26a + **2a** − 18a = 10a
b) 4ab − 2**ac** + 3ac − **3ab** = ab + ac
c) 4x^2 − 3**x^2** = x^2
d) 2ab + **5b** − **2ab** = 5b
e) 7xy − 2x**z** + **3**xy + **7xz** = 10xy + 5xz

15 *Fehler finden*
a) Bei der Addition dürfen nur gleichwertige Terme zusammengefasst werden:
4a + 3b + 2b = 4a + 5b
b) x darf nicht subtrahiert werden.
c) Beim Subtrahieren dürfen nur gleichwertige Terme zusammengefasst werden.

16 *Einer passt nicht*
a) Die mittlere Figur passt nicht (Punkt auf der falschen Seite).
b) Der Term 2x + 1 passt nicht. Alle anderen Terme lassen sich zu 2x + 2 umformen. Es könnte auch der Term 2x + 2 nicht passen, da alle anderen Terme jeweils die Zeichen 1, 2 und x besitzen.

17 *Ausmultiplizieren*
a) 30 + 10a
e) 2ab + 3ac
b) 7x + 7
f) 2a − 3b
c) 8a + 6b
g) 6a + 2,5b
d) 3x^2 + 6xy
h) 6a^2 + 0,5a

18 *Lücken füllen*
a) 0,5 · (**2**x + y) = x + 0,5y
b) 12ab − **6b** = 3b · (4a − 2)
c) **3v** · (2u + v) = 6uv + **3**v^2
d) c · (**3a** + (−**a**b)) = 3ac − abc

19 *Äquivalente Terme*
1) xy + xz = x · (y + z)
2) 3 · (x − 1) = 3x − 3
3) 0,5y · (x − 4) = 0,5xy − 2y

20 *Ausmultiplizieren und zusammenfassen*
a) 8 · (x + 5) + 2x = 8x + 40 + 2x = 10x + 40
b) 5a + 3 · (4 + a) − 10 = 5a + 12 + 3a − 10 = 8a + 2
c) $\frac{(2a + 2b)}{2}$ − a = a + b − a = b
d) 2 · (x − 7) + 3 · (2 + x) = 2x − 14 + 6 + 3x = 5x − 8
e) 3 · (x + 6) + 2 · (x − 9) = 3x + 18 + 2x − 18 = 5x
f) 4 + $\frac{1}{2}$ · (6x + 8) − 3x − 5 = 4 + 3x + 4 − 3x − 5 = 3

21 *Umfänge*
(1) passt zu c) und d)
(2) passt zu b) und g)
(3) passt zu a) und f)
(4) passt zu e) und h)

1 Sprache der Algebra

22 *Terme für den Flächeninhalt*
a) $4 \cdot x + 3 \cdot 4 = 4 \cdot (x + 3)$
b) $b \cdot (6 - 2) + (b - 1) \cdot 2 = 6 \cdot b - 1 \cdot 2$
c) $5 \cdot (8 - x) + x \cdot (5 - 2) = 8 \cdot 5 - 2 \cdot x$

23 *Ein U-Profil*
Volumen des gesamten Profils: $abc - d^2c$
a) grau: $2d \cdot c \cdot b - d \cdot d \cdot c$ Gesamt: $grau + d \cdot b \cdot c$
b) grau: $d \cdot c \cdot (b - d)$ Gesamt: $grau + 2 \cdot (d \cdot b \cdot c)$
c) grau: $d \cdot c \cdot d$ Gesamt: $grau + a \cdot b \cdot c - 2d \cdot d \cdot c$

24 *Ein Zahlentrick – gedachte Zahl erraten*
Die vermutete Zahl entspricht dem fünffachen der ursprünglichen Zahl.
Begründung: $2 \cdot 5 = 10$ und es werden 10 subtrahiert.

4	0,75	–2	x
6	2,75	0	$x + 2$
30	13,75	0	$(x + 2) \cdot 5$
20	3,75	–10	$(x + 2) \cdot 5 - 10 = 5x$

25 *Drei Zahlentricks zum Zahlenraten*
a) Trick I: $(x + 12) \cdot 5 - 60 = 5x$
 Trick II: $(x \cdot 2 + 20) \cdot 5 - 100 = 10x$
 Trick III: $((x + 2x) \cdot 5 - 15) : 2 + 5 = 7,5x - 2,5$
b) $x \rightarrow$ Multipliziere mit 5 $\rightarrow$ Subtrahiere 20 $\rightarrow$ Multipliziere mit 3 $\rightarrow$ Addiere 60
Das Ergebnis ist das 15-fache der gedachten Zahl:
$(x \cdot 5 - 20) \cdot 3 + 60 = 15x$
c) Sinnvolles Üben der Strategien aus a) und b).

26 *Termmauern 1*
a)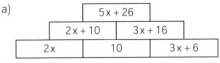
b)
c) Eigenaktivität nach Beispiel von a) und b).

27 *Fehlersuche*
a) falsch $(9 \neq 9x)$
b) falsch   (DG nicht angewendet)
c) richtig
d) falsch   (DG nicht angewendet)
e) falsch   (falsch zusammengefasst, statt „+x" wurde „–x" gerechnet)
f) falsch   (DG nicht angewendet)
g) falsch   ($a + b$ kann man nicht zusammenfassen, $a + b \neq ab$)
h) falsch   („–" vergessen)

28 *Ein Dreieck und ein Quadrat*
$4 \cdot 3 \cdot (x + 2) = 2 \cdot 7x + 2 \cdot (x + 6)$ Lösung: $x = 3$
Seitenlänge des Quadrats: $3 \cdot (3 + 2) = 15$
Basis des Dreiecks: $2 \cdot (3 + 6) = 18$
Seiten des Dreiecks: $7 \cdot 3 = 21$

1 Sprache der Algebra 17

18 29 *Ein Rechteck*
 a) Umfang: $8a + 4a + 4 = 12a + 4$ Flächeninhalt: $8a^2 + 8a$
 b) Umfang: $4a + 2a + 2 = 6a + 2$ Flächeninhalt: $2a \cdot (a + 1) = 2a^2 + 2a$

30 *Zahlen gesucht*
 a) $n + (n + 1) + (n + 2) = 2007$ Lösung: $n = 668$
 b) $n + (n + 2) + (n + 4) + (n + 6) = 1972$ Lösung: $n = 490$
 c) $n + (n + 2) + (n + 4) = 69$ Lösung: $n = 21$

31 *Termmauern 2*
 a) Mauer 1: $3x + 13$ Mauer 2: $6x - 2$ Lösung: $x = 5$
 b) Mauer 1: $6x + 20$ Mauer 2: $9x + 27$ Lösung: $x = \frac{-7}{3}$

19 32 *Beweisen 1*
Die Bewertung ist gerecht. Corinna hat nur drei Beispiele überprüft, es könnte Zahlen geben, mit denen es nicht klappt.
Yvonne hat die Aussage für alle natürlichen Zahlen bewiesen ($\rightarrow$ Vorteil der Termdarstellung: ein Term ist für alle $n \in \mathbb{N}$ gültig).

33 *Beweisen 2*
 $a = 3 \cdot x$ mit $x \in \mathbb{N}$ und $b = 3 \cdot y$ mit $y \in \mathbb{N}$ $\Rightarrow$ $\frac{(a + b)}{3} = \frac{(3 \cdot x + 3 \cdot y)}{3} = x + y \in \mathbb{N}$

34 *Termmauern 3*

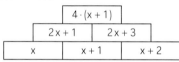

Eigenschaft des Terms an der Spitze: 4-fache der mittleren Zahl bzw. Zahl durch 4 teilbar.

35 *Termmauern 4*
 a) Es fehlt für jede Addition eine Zahl. Beispiel für eine mögliche Zahlenmauer:

 b) z. B.:

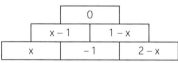 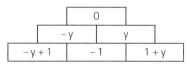

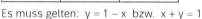

Es muss gelten: $y = 1 - x$ bzw. $x + y = 1$

Kopfübungen
1. $\frac{69}{20}$
2. Rechteck
3. 21 000
4. 1 000 000
5. Wichtig: Die beiden Koordinaten müssen negativ sein. Z. B.: $A(-1|-1)$; $B(0|-2)$
6. 3
7. (1) Nein (2) Ja, wenn die Fläche gleichmäßig aufgeteilt wird.

20 Term-Trainer

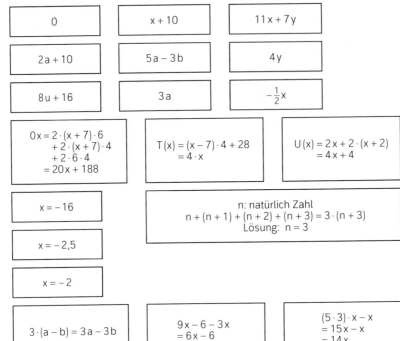

1.2 Klammern setzen und auflösen

21 ⟨1⟩ *Die Quadratpflanze*

a) 1. Stufe $A_1 = a^2$

2. Stufe $A_2 = A_1 + 4 \cdot \left(\frac{1}{2}a\right)^2 = 2a^2$

3. Stufe $A_3 = A_2 + 4 \cdot 3 \cdot \left(\frac{1}{4}a\right)^2 = 2a^2 + \frac{3}{4}a^2 = \frac{11}{4}a^2$

b) 1. Stufe $U_1 = 4a$

2. Stufe $U_2 = U_1 - 4 \cdot \left(\frac{1}{2}a\right) + 4 \cdot 3 \cdot \left(\frac{1}{2}a\right) = 8a$

3. Stufe $U_3 = U_2 - 4 \cdot 3 \cdot \frac{1}{4}a + 4 \cdot 3 \cdot 3 \cdot \left(\frac{1}{4}a\right) = 14a$

Die Fortsetzung um eine weitere Stufe ist möglich; danach kommt es zu Überlappungen.

⟨2⟩ *Der Lochteppich*

a) 1. Stufe $A_1 = 9ab$

2. Stufe $A_2 = A_1 - ab = 8ab$

3. Stufe $A_3 = A_2 - 8 \cdot \frac{a}{3} \cdot \frac{b}{3} = 8ab - \frac{8}{9}ab = \frac{64}{9}ab$

b) 1. Stufe $U_1 = 6(a + b)$

2. Stufe $U_2 = U_1 + 2(a + b) = 8(a + b)$

3. Stufe $U_3 = U_2 + 8 \cdot 2 \cdot \left(\frac{a}{3} + \frac{b}{3}\right) = \frac{40}{3}(a + b)$

Im nächsten Schritt wird aus den verbleibenden Rechtecken jeweils ein Mittenrechteck mit den Seiten $\frac{a}{9}$ und $\frac{b}{9}$ herausgeschnitten usw.

22

3 *Zahlenterme ordnen*
a) $12 - 5 + 3 = 12 - (5 - 3) = 10$
$12 - (5 + 3) = 12 - 5 - 3 = 4$
$12 + (5 + 3) = 12 + 5 + 3 = 20$
$12 + 5 - 3 = 12 + (5 - 3) = 14$
b) Steht ein Minuszeichen vor der Klammer, dann wechseln die Vorzeichen der Zahlen in der Klammer, sonst nicht.

4 *Term – Wertetabelle – einfacher Term*
a)

x	$15 - (9 - x)$	$6x - (4x - 2)$	$36 - 3(x + 12)$	$3(6 - 3x) - 2(9 - 5x)$
1	7	4	-3	1
2	8	6	-6	2
3	9	8	-9	3
10	16	22	-30	10

b) $T(x) = 15 - (9 - x) = 15 - 9 + x = x + 6$
$T(x) = 6x - (4x - 2) = 6x - 4x + 2 = 2x + 2$
$T(x) = 36 - 3(x + 12) = 36 - 3x - 36 = -3x$
$T(x) = 3(6 - 3x) - 2(9 - 5x) = 18 - 9x - 18 + 10x = x$

5 *Anwendung des Distributivgesetzes*
Bild links: Die Fläche eines Rechtecks mit den Seitenlängen a und b + c ist genau so groß wie die Summe zweier Flächen mit den Seitenlängen a und b bzw. a und c.
Bild Mitte: Die Fläche mit den Seitenlängen a und b − c ist genauso groß wie die Differenz der Flächeninhalte zweier Flächen mit den Seitenlängen a und b bzw. a und c.
Bild rechts: Ein Rechteck mit den Seitenlängen a und b + c + d ist genauso groß wie drei Rechtecke mit den Seitenlängen a und b, a und c sowie a und d zusammen.

6 *Zählen in Mustern*
a) Anzahl der Sterne: Außen sind 4 Reihen zu je 10 Sternen, aber an den Ecken überlagern sich zwei Sterne, also sind es $4 \cdot 9$ Sterne. In der nächsten Reihe nach innen findet man 4 Reihen zu je 8 Sternen, wobei vier Sterne doppelt gezählt werden, also sind es $4 \cdot 7$ Sterne.
Anzahl $= 4 \cdot 9 + 4 \cdot 7 = 64$
oder:
1.; 2.; 9.; 10. Zeile $= 4 \cdot 10$ Sterne $= 40$
1.; 2.; 9.; 10. Spalte $=$ Reststerne $= 4 \cdot 6 = 24$
$40 + 24 = 64$ Sterne
b) (1) Doldur (2) Sven (3) Katja
c) allgemeiner Nachweis:
$n = 10$:
$8n - 16 = 80 - 16 = 64$
$4n + 4(n - 4) = 40 + 24 = 64$
$4(n - 1) + 4(n + 3) = 36 + 28 = 64$
$4n + 4(n - 4) = 4n + 4n - 16 = 8n - 16 = 8(n - 2)$
$4(n - 1) + 4(n - 3) = 4n - 4 + 4n - 12 = 8n - 16 = 8(n - 2)$

23

7 *Klammern auflösen und vereinfachen*
a) $4a - b$ b) $3x - 2$ c) $2a$ d) 0
e) $1,5x + 2,5y$ f) $4a^2 - 3a$ g) $x - y$

23

8 *Lücken füllen 1*
a) $3x - 2 = 2x - (2 - x)$
b) $5b - 2a = 5b - (2a + b)$
c) $\frac{1}{2}u + \left(u - \frac{1}{2}u\right) = u$

9 *Gleichwertige Terme 1*
a) $4b - (2b + 1) = 2b - 1$
   $8a - (2b + 6a) = 2(a - b)$
b) $2b - 1 = b + (b - 1)$
   $2(a - b) = 4a - (2a - 2b)$

$a - b - c = a - (b + c)$
$2a + (b - a) = a + b$
$a - (b + c) = -(-a + b) - c$
$a + b = 2a - (a - b)$

10 *Klammerregeln bei Kontoständen*
a) $a - b - c = a - (b + c)$
b) $120\,€ - 85\,€ + 32\,€ = 67\,€$ bzw. $120\,€ - (85\,€ - 32\,€) = 67\,€$

24

11 *Entlarve den Fehlerteufel 1*
a) Hier ist beim Ausmultiplizieren der Klammer ein Vorzeichenfehler unterlaufen:
   $2x + 3$ statt $2x - 3$ ist korrekt
b) Hier ist ebenfalls ein Vorzeichenfehler vorhanden:
   $2b$ statt $2a + 2b$ ist korrekt
c) Hier ist beim Ausmultiplizieren der Klammer ein Vorzeichenfehler unterlaufen:
   $-y$ statt y ist korrekt

12 *Distributivgesetz anwenden*
a) $3x + 3y$
b) $5x - 5xy$
c) $6a^2 + 2ab - 10a$
d) $5xy - 2x + x^2$
e) $2 \cdot (x + y)$
f) $(a - 3)b$
g) $x \cdot (y + z - 2)$
h) $x \cdot (x + 1)$

25

13 *Tipps und Tricks beim Ausmultiplizieren und Ausklammern*
a)

$(b + c + 2) \cdot a = a(b + c + 2) = ab + ac + 2a$	Es spielt keine Rolle, ob der Faktor vor oder nach der Klammer steht.
$4rs - 4st = 4s \cdot r - 4s \cdot t = 4s(r - t)$	Der gemeinsame Faktor $4s$ kann auch aus einer Differenz ausgeklammert werden.
$a(b - c - d) = ab - ac - ad$	Das Distributivgesetz kann auch angewendet werden, wenn in der Klammer eine Differenz steht.
$ax + x = a \cdot x + 1 \cdot x = x \cdot (a + 1)$	x lässt sich als Produkt $1 \cdot x$ oder $x \cdot 1$ schreiben. Dann kann ausgeklammert werden.
$3xy + 2x = x(3y + 2)$	x ist der gemeinsame Faktor und wird ausgeklammert.
$2x(y + x + 3) = 2xy + 2x^2 + 6x$	Der Faktor vor der Klammer kann ein Term sein.

b) Schüleraktivität.

14 *Ausmultiplizieren oder: Vom Produkt zur Summe (Differenz)*
a) $8a + 6b$
b) $3x^2 + 6xy$
c) $2pr - 2qr + 6r$
d) $a - 1{,}5b$
e) $2ab - 3ac$
f) $-2a + 2b$
g) $16{,}8x^2y - 24xy^2$
h) $a - 1{,}5b$

15 *Ausklammern oder: Von der Summe (Differenz) zum Produkt*
a) $6(a - 2b)$
b) $7x(1 + z)$
c) $a(a - 1)$
d) $2b(2a + 1)$
e) $\frac{1}{5}(a + b)$
f) $u(5v - 2)$
g) $a\left(\frac{1}{2}a + 2b\right)$
h) $x(y + z - 1)$

16 *Ausmultiplizieren und Vereinfachen*
a) $3b$
b) $2(y - x)$
c) b
d) $x(3 + y)$
e) $-4a$
f) $2a(b - a)$

17 Lücken füllen 2
a) $0{,}5(\mathbf{2}x + y) = x + 0{,}5x$
b) $12ab - \mathbf{6b} = 3b(4a - 2)$
c) $\mathbf{3v}(2u + v) = 6uv + \mathbf{3}v^2$
d) $c(\mathbf{3a} + (-\mathbf{a})b) = 3ac - abc$

18 Gleichwertige Terme 2
$xy + xz = x(y + z)$ $\quad 3(x - 1) = 3x - 3$ $\quad 0{,}5y(x - 4) = 0{,}5xy - 2y$

19 Entlarve den Fehlerteufel 2
a) $12x + \mathbf{4}y$
b) $21ab + \mathbf{6}ac$
c) $32uv - 16uw$
d) $x\left(\tfrac{2}{5}y - z\right)$
e) $0{,}5b(a + \mathbf{2})$
f) $x(27 + 7y)$

Katrins Methode ist nur dann zielführend, wenn wirklich ein Fehler drin steckt und sie nicht durch Zufall Zahlen einsetzt, für die es trotzdem stimmt. Als Beweis, dass etwas richtig ist, ist ihre Methode ungeeignet.

20 Ausklammern: Training 1
a) $b(a + 3)$
b) $a(b - 1)$
c) $0{,}25x(y + 2 - 3z)$
d) $3a(2b - 4c + 1)$
e) $\tfrac{1}{5}x(2y + z - 3)$
f) $5r(r - 2s + 4)$

21 Ausklammern: Training 2
a) $9a(8 - 9a)$
b) $7y(5x + 4)$
c) $\tfrac{1}{4}ab(3 + 8b)$
d) $11p(p - 8q)$
e) $8y(2x + 3y - 5)$
f) $12a(10b - 3ab + 4a)$
g) $4ab(6a - 2b - 5ab)$
h) $x(9 + 10x) + 21y^2$
i) $5yz(5x + 1)$

22 Von der Summe (Differenz) zum Produkt
a) $2a(c + 2b)$
b) $\tfrac{1}{6}a(5b - c)$
c) $x(x + 2)$
d) $y\left(3y - \tfrac{1}{3}\right)$
e) $a(2b - c + 3a)$

23 Gleichwertige Terme 3
Gleichwertige Terme sind nur in b)

24 Ausklammern bei Termen mit Brüchen
a) $2x - 1$
b) $5c + 2$
c) $3y^2 - 5y = y(3y - 5)$
d) $-6x^2 - 4x = -2x(3x + 2)$
e) $-3x + 2y$
f) $-2x + 9$
g) Ausklammern wird angewendet und dann gekürzt.

25 Terme für eine Fläche 1
Beide Terme sind korrekt
Sie lassen sich umformen zu $ab + 2bc = b(a + 2c)$

26 Training am Rechenbaum
a) $3b + 3a = 3 \cdot (b + a)$ $\qquad 5b + 3ab = b \cdot (5 + 3a)$
$3a + 15 = 3 \cdot (a + 5)$ $\qquad 15ab + 5b^2 = 5b \cdot (3a + b)$
$3a^2 + 15ab = 3a \cdot (a + 5b)$ $\qquad 5(ab + b^2) = 5b \cdot (a + b)$
$3(a^2 + 5ab) = 3a \cdot (a + b)$ $\qquad 20a = 5(3a + a)$
b) Es gibt 60 verschiedene Ergebnisse.
c) Hier bietet sich die Möglichkeit zur Gestaltung schülerzentrierter Übungsphasen mit der Erstellung eigener Aufgaben – und Lösungspools.

27 Training mit Flächenberechnung

[Figures showing area calculation diagrams with labels: $x^2 + y \cdot x + 1 \cdot x$; $y \cdot (1+y)$; $(x+y+2) \cdot x$; $(x+y+1) \cdot 2$; $y \cdot (2+y)$; $2 \cdot y + 2 \cdot 2$; $x^2 + 2x \cdot y + y^2$]

Kopfübungen
1. Bei der Multiplikation und Division
2. Bei Pyramiden mit einer rechteckigen Grundfläche
3. $(x+3) \cdot 2 = 10 \Rightarrow x = 2$
4. $1000 \, cm^2$
5. a) -2 \hspace{3em} b) nicht möglich
6. $\frac{3}{11}$
7. In 110 Sekunden

28 Zahlentricks zum Erraten gedachter Zahlen
(1) $((x-3) \cdot 2 + 8) : 2 - x = 1$ \hspace{2em} (2) $(x \cdot 3 - 6) : 3 + 7 - x = 5$
(3) $(x \cdot 5 - (x-3) - 3) : 4 = x$

29 Terme für eine Fläche 2
Vereinfachen der Terme ergibt:
(1) $ab + ac$ \hspace{1em} (2) $2ab - ac$ \hspace{1em} (3) $2ab - ac$ \hspace{1em} (4) $ab + ac$ \hspace{1em} (5) $2ab - ac$
Die Terme (2), (3) und (5) geben den Flächeninhalt an.

30 Terme für eine Fläche 3
a) Nach Berechnung der Teilfläche $b \cdot c$ verbleibt eine trapezförmige Fläche, die aus einer rechteckigen $(b \cdot (a-c))$ minus einer dreieckigen Fläche besteht. Diese dreieckige Fläche entspricht genau $\frac{1}{4}$ der rechteckigen Fläche, somit wird mit $\frac{3}{4}$ des Rechtecks gerechnet.
Weitere Terme: $\quad ab - \frac{1}{4}(a-c) \cdot b \qquad \frac{1}{2} b \cdot a + \frac{1}{4}(a+c) \cdot b$
b) Ausmultipliziert und zusammengefasst ergeben die Terme $\frac{1}{4} b \cdot c + \frac{3}{4} ba$. Aus diesem Term kann man nicht direkt ablesen, in was für Flächen die Figur aufgeteilt wurde.
c) Der Umfang kann nicht bestimmt werden, da die Länge der Schrägseite nicht angegeben ist und auch (noch) nicht berechnet werden kann.

31 Terme für einen Körper
a) $V = abc + ac(b-d) = 2abc - acd$
b) $O = 2ab + 2a(b-d) + bc + (b-d) \cdot c + dc + 4ac$
$= 4ab + 4ac + 2bc - 2ad$
$= 2(2a(b+c) + bc - ad)$

28 ⟨32⟩ *Mehrwertsteuer, Rabatt und Zinsen*
1) Preis = x · 1,19
2) Preis = x · 0,7 · 1,19 = 0,833 x
3) Spareinlage = (x · 1,01) · 1,0125 = 1,022625 x

1.3 Produkte von Summen

29 ⟨1⟩ *Nur Ärger mit der Baustelle*
a) Das Grundstück wird insgesamt etwas kleiner.
b) Hier kann handlungsorientiert gearbeitet werden. Mithilfe von Notizblöcken oder passend geschnittenen quadratischen Zetteln kann entdeckt werden, dass unabhängig von der Seitenlänge der Flächeninhalt immer um $4\,m^2$ abnimmt.
c) Eine Seite wird verlängert: a + 2
Eine Seite wird verkürzt: a − 2
Der Flächeninhalt des alten Grundstücks ist a^2, der des veränderten Grundstücks ist (a + 2) · (a − 2).

a	10 m	20 m	25 m	40	a
a^2	$100\,m^2$	$400\,m^2$	$625\,m^2$	$1600\,m^2$	a^2
(a + 2)(a − 2)	$96\,m^2$	$396\,m^2$	$621\,m^2$	$1596\,m^2$	$a^2 - 4$

d) Mögliche Antwort: Wenn es nur um die Größe geht, sollte der Vorschlag abgelehnt werden. Es kann aber andere Gesichtspunkte geben, die für die Veränderung des Grundstücks sprechen.

⟨2⟩ *Rechtecke bauen*
a) Grundfläche blaues Rechteck: a · b
(1) nach Verlängerung: (a + d) · (b + c) = ab + ac + db + dc
(2) nach Verkürzung: (a − d) · (b − c) = ab − db − ac + dc
b) **Anmerkung zur 1. Auflage: Die Beschriftung der Seiten ist falsch. Richtig wäre: Die Seitenlänge des blauen Quadrats ist a und die jeweilige Verlängerung/Verkürzung ist b.**
Figur 1: $(a + b) \cdot (a + b) = a^2 + 2ab + b^2$
Figur 2: $(a − b) \cdot (a − b) = a^2 − 2ab + b^2$
Figur 3: $(a + b) \cdot (a − b) = a^2 − ab + b(a − b) = a^2 − ab + ba − b^2 = a^2 − b^2$

30 ⟨3⟩ *Mit Puzzleteilen kannst du rechnen*
a) Mithilfe der Puzzleteile wurde das Produkt der beiden Terme nachgebildet. Es entsteht eine Fläche, die dem Produkt der Terme entspricht.
b) (1) $x^2 + 5x + 6$ (2) $3x^2 + 11x + 6$ (3) $x^2 + 6x + 9$
(4) $x^2 + 5x + 6$ (5) $2x^2 + 5x + 2$ (6) $x^2 + 2x + 1$
c) Schüleraktivität.

30 **4** *Multiplizieren von Summen mithilfe eines Diagrammes*
a) In den Rechteckfeldern stehen die Summanden, die sich nach Ausmultiplizieren der Klammern ergeben.

b)
	x	12
5	x^2	$12x$
5	$5x$	60

$= x^2 + 17x + 60$

c)
	y	$-4x$
$3x$	$3xy$	$-12x^2$
y	y^2	$-4xy$

$= y^2 - xy - 12x^2$

d)
	x	8
x	x^2	$8x$
-8	$-8x$	-64

$= x^2 - 64$

e)
	x	5
x	x^2	$5x$
5	$5x$	25

$= x^2 + 10x + 25$

f)
	$5x$	1
$2x$	$10x^2$	$2x$
-7	$-35x$	-7

$= 10x^2 - 33x - 7$

g)
	x	$-y$
x	x^2	$-xy$
$-y$	$-xy$	y^2

$= x^2 - 2xy + y^2$

h)
	$3x$	7
$2x$	$6x^2$	$14x$
4	$12x$	28

$= 6x^2 + 26x + 28$

i)
	$8x$	-10
3	$24x$	-30
$7x$	$56x^2$	$-70x$

$= 56x^2 - 46x - 30$

j) $(3x - 2) \cdot (x + 8) = 3x^2 + 22x - 16$
$(8x - 2y) \cdot (4 + 3x) = 24x^2 + 32x - 8y - 6xy$
$(3b - 7) \cdot (3b + 7) = 9b^2 - 49$

32 **5** *Was gehört zusammen?*
$(2x + 4) \cdot (3x + 7) = 6x^2 + 26x + 28$
$(4x + 1) \cdot (y - 5) = 4xy - 20x + y - 5$
$(8x - 3y) \cdot (x - y) = 8x^2 - 11xy + 3y^2$
$(5x^2 + 6) \cdot (x^2 + 2) = 5x^4 + 16x^2 + 12$

6 *Lücken füllen 1*

a)
	x	2
x	x^2	$2x$
3	$3x$	6

$(x + 2) \cdot (x + 3)$

b)
	$3x$	5
$4x$	$12x^2$	$20x$
-4	$-12x$	-20

$(3x + 5) \cdot (4x - 4)$

c)
	y	12
y	y^2	$12y$
$3x$	$3xy$	$36x$

$(y + 12) \cdot (y + 3x)$

d)
	$5x$	-2
$5x$	$25x^2$	$-10x$
$-4{,}5$	$-22{,}5$	9

$(5x - 2) \cdot (5x - 4{,}5)$

e)
	$4x$	-5
$6y$	$24xy$	$-30x$
	–	–

$6y \cdot (4x - 5)$

f)
	a	$-b$
a	a^2	$-ab$
b	ab	$-b^2$

$(a + b) \cdot (a - b)$

7 *Training 1*
a) $a^2 + 8a + 15$
b) $x^2 + 12x + 36$
c) $25 + 10b + b^2$
d) $x^2 + 15x + 56$
e) $x^2 - 12x + 36$
f) $x^2 - y^2$
g) $a^2 + 24a + 144$
h) $x^2 - 9$
i) $9x^2 - 25$
j) $5x^2 + 16xy + 3y^2$
k) $9x^2 + 48xy + 64y^2$
l) $9x^2 - 48xy + 64y^2$

8 *Fehler vermeiden*
a) $9x^2$ $\quad$ $0{,}25$ $\quad$ $49x^2$ $\quad$ b) $24x^2$ $\quad$ $40y$ $\quad$ $0{,}6a$
a^2b^2 $\quad$ $0{,}36a^2$ $\quad$ $\frac{9}{16}b^2$ $\quad$ $3x$ $\quad$ $-14x$ $\quad$ $27xy$
$\frac{1}{4}x^2$ $\quad$ $\frac{1}{25}x^2$ $\quad$ $100x^2y^2$ $\quad$ $-48x^2$ $\quad$ $\frac{1}{2}ab$ $\quad$ $28a^3$

33

9 *Training 2*
a) $0{,}25 + 3b + 9b^2$
b) $56x^2 - 2x - 90$
c) $0{,}49x^2 - 5{,}6x + 16$
d) $\frac{1}{4}x^2 + 4x + 16$
e) $2x^2 + 24x + 40$
f) $\frac{9}{16}x^2 - \frac{1}{2}x + \frac{1}{9}$
g) $r^2 - 0{,}25$
h) $2r^2 - 1{,}2r - 0{,}8$
i) $\frac{9}{4}s^2 + 18s + 36$
j) $\frac{1}{16} + \frac{5}{2}y + 25y^2$
k) $25y^2 - 100xy + 100x^2$
l) $\frac{1}{16}x^2 - \frac{1}{10}xy + \frac{1}{25}y^2$

10 *Probleme mit Brüchen und Dezimalbrüchen?*

$0{,}3a \cdot 3a = 0{,}9a^2$ $(0{,}12)^2 = 0{,}0144$ $\left(\frac{1}{5}ab\right)^2 = \frac{1}{25}a^2b^2$

$\left(\frac{3}{8}b\right)^2 = \frac{9}{64}b^2$ $(0{,}3a)^2 = 0{,}09a^2$ $\left(\frac{3}{5}a\right)^2 = \frac{9}{25}a^2$

$\left(\frac{2}{3}x\right)^2 = \frac{4}{9}x^2$ $\frac{1}{2}x \cdot 0{,}48x^3 = 0{,}24x^4$ $\left(\frac{5}{7}ab\right)^2 = \frac{25}{49}a^2b^2$

11 *Training 3*
a) $36a^2 - 25b^2$
b) $\frac{3}{4} - \frac{11}{4}y - 5y^2$
c) $\frac{25}{36}x^2 + \frac{5}{3}xy + y^2$
d) $-27x^2 + 51x - 20$
e) $2x^2 - 5{,}2xy + 0{,}5y^2$
f) $\frac{1}{4}x^2 + xy + y^2$
g) $9y^2 - 16x^2$
h) $0{,}16x^2 - 81$
i) $0{,}25t^2 - 6{,}25$

12 *Aus Fehlern kann man lernen*
a) $9x^2 + 30xy + \mathbf{25}y^2$
b) $1 - \mathbf{x^2}$
c) $64x^2 + \mathbf{144\,xy} + 81y^2$
d) $18x^2 - \mathbf{26}x - 20$
e) $81x^2 - 49y^2$
f) $\mathbf{x^2} + 3x - \mathbf{54}$

13 *Lücken füllen 2*
a) $49 + 28b + \mathbf{4b^2} = (\mathbf{7} + 2b)^2$
b) $\mathbf{6{,}25\,x^2} - 10xy + \mathbf{4y^2} = (2{,}5x - \mathbf{2y})^2$
c) $36x^2 - \mathbf{96\,x} + 64 = (\mathbf{6x - 8})^2$
d) $25 + 10s + \mathbf{s^2} = (\mathbf{5} + s)^2$
e) $81x^2 - \mathbf{25y^2} = (\mathbf{9x - 5y})(9x + \mathbf{5y})$
f) $x^2 - xy + \mathbf{0{,}25\,y^2} = (\mathbf{x} - 0{,}5y)^2$

14 *Noch mehr Summanden? Kein Problem*
a) $48a^2 + 14b^2 + 58a + 41b + 58ab + 15$
b) $2x^2 + 90y^2 + 4z^2 + 28xy + 6xz + 46yz$
c) $a^2 + b^2 + c^2 + d^2 + 2ab + 2ac + 2ad + 2bc + 2bd + 2cd$
d) $12x^2 - 2y^2 + 12z^2 - 19x + 9y - 14z + 10xy - 51xz + 5yz - 10$
e) $(a + b + c)^2 = a^2 + b^2 + c^2 + 2ab + 2ac + 2bc$
$(a + b + c + d)^2 = a^2 + b^2 + c^2 + d^2 + 2ab + 2ac + 2ad + 2bc + 2bd + 2cd$
$(a + b + c + d + e)^2 = a^2 + b^2 + c^2 + d^2 + e^2 + 2ab + 2ac + 2ad + 2ae + 2bc + 2bd$
$\qquad + 2be + 2cd + 2ce + 2de$

34

15 *Binomische Formeln begreifen*
a) Das kleine Quadrat stellt a^2 (oder b^2), ein Rechteck stellt ab und das große Quadrat stellt b^2 (oder a^2) dar.
b) Die beiden Teile $a \cdot b$ werden auf das Teil a^2 gelegt, weil diese Flächen abgezogen werden. Dann hat man allerdings eine Fläche b^2 zu viel abgezogen; diese muss also nochmals ergänzt werden.
c) (1) Schüleraktivität
(2) Bild ② stellt $a^2 - b^2$ dar; Bild ⑤ stellt $(a - b)(a + b)$ dar.

16 *Noch ein Puzzlebild*
a) Die Gesamtfläche beträgt $(a + b)^2$, das innere Quadrat hat die Fläche $(a - b)^2$, also verbleiben die vier Rechtecke mit der Fläche $4ab$.
b) $(a + b)^2 - (a - b)^2 = a^2 + 2ab + b^2 - (a^2 - 2ab + b^2) = 2ab + 2ab = 4ab$

17 *Im Rückwärtsgang – Faktorisieren*
a) $(2x+3)^2$
b) $(9+a)(9-a)$
c) $(3-y)^2 = (y-3)^2$
d) $(5x-2)^2$
e) $(3a-5b)^2$
f) $(6x+12)(6x-12)$
g) $(9y-1)^2$
h) $(10x+1)^2$

18 *Rückwärts zum Zweiten*
- $100 - y^2 = (10+y)(10-y)$
- $a^2 + 6ab + 9b^2 = (a+3b)^2$
- $0{,}81a^2 - 1{,}8ab + b^2 = (0{,}9a - b)^2$
- $49x^2 + 14xy + 4y^2$ nicht möglich   I
- $36a^2 - 60ab + 25b^2 = (6a - 5b)^2$
- $25x^2 - 15xy + 3y^2$ nicht möglich   A
- $25a^2 + 49b^2$ nicht möglich   R
- $0{,}01x^2 + 0{,}2x + 1 = (0{,}1x + 1)^2$
- $x^2 + xy + y^2$ nicht möglich   P
- $0{,}36x^2 - y^2 = (0{,}6x + y)(0{,}6x - y)$
- $\frac{1}{16}u^2 - \frac{9}{25}v^2 = \left(\frac{1}{4}u + \frac{3}{5}v\right)\left(\frac{1}{4}u - \frac{3}{5}v\right)$
- $x^2 + 3x + 1{,}5$ nicht möglich   S

Lösungswort: PARIS

19 *Faktorisieren mit Puzzleteilen*
a) Clara zerlegt:
  (1) $x^2 + 8x + 7 = (x+1)(x+7)$
  (2) $2x^2 + 7x + 3 = (2x+1)(x+3)$
  (3) $x^2 + 9x + 18 = (x+3)(x+6)$
  (4) $3x^2 + 5x + 2 = (3x+2)(x+1)$
b) Schüleraktivität. Claras Vermutung ist im Prinzip richtig, man möchte ja in zwei Faktoren faktorisieren, die man als Seitenlängen von einem Rechteck interpretieren kann. Wenn man allerdings Produkte mit Faktoren der Form (a – x) oder (x – a) für positives a betrachtet, muss man die Puzzleteile übereinanderlegen, um die Differenz darzustellen, bzw. es wird schwierig das zu legen.

20 *Kann jede Summe in ein Produkt verwandelt werden?*
a) 18 ist das Produkt aus 2 und 9, 11 ist die Summe.
b) $x^2 + 9x + 18 = x^2 + (3+6)x + 3 \cdot 6 = (x+3)(x+6)$
$x^2 + 10x + 21 = x^2 + (3+7)x + 3 \cdot 7 = (x+3)(x+7)$
$x^2 + 16x + 63 = x^2 + (7+9)x + 7 \cdot 9 = (x+7)(x+9)$
$x^2 + 15x + 26 = x^2 + (2+13)x + 2 \cdot 13 = (x+2)(x+13)$
$x^2 - 4x - 21 = x^2 + (3-7)x + \big(3 \cdot (-7)\big) = (x+3)(x-7)$
c) Der Term $x^2 + x + 17$ kann nicht faktorisiert werden.

21 *Fußwege kreuzen sich im Stadtpark*
a) $a^2 - ax - ay + xy = (a-x)(a-y)$
b) $ax + ay - xy = a(x+y) - xy$
c) Fläche des Parks: $2500\,m^2$
Fläche der Wege: $244\,m^2$, das sind $9{,}76\,\%$, also rund $10\,\%$.

22 *Gartenplanung*
Alle drei Terme beschreiben die richtige Lösung.

36 (23) *Fehler beim Messen*
a) $A = a \cdot b$; $A_{Fehler} = (a + x) \cdot (b + y)$
b) Messung 1: $F = (a + x) \cdot (b + y) - a \cdot b = 6{,}01$
Messung 2: $F = (a + x) \cdot (b) - a \cdot b = 8$
Messung 3: $F = (a) \cdot (b + y) - a \cdot b = 4$
Messung 4: $F = (a + x) \cdot (b + y) - a \cdot b = -4{,}04$
Messung 5: $F = (a + x) \cdot (b + y) - ab = 12{,}04$
Die kürzere Seite sollte möglichst genau gemessen werden, da sich hier der Messfehler stärker auf den Fehler F auswirkt als bei fehlerhafter Messung der langen Seite.

(24) *Schnellrechnen mit den binomischen Formeln*
a) $21 \cdot 19 = (20 + 1)(20 - 1) = 400 - 1 = 399$
$59 \cdot 61 = (60 - 1)(60 + 1) = 3600 - 1 = 3599$
$29 \cdot 31 = (30 - 1)(30 + 1) = 900 - 1 = 899$
$32 \cdot 32 = (30 + 2)^2 = 900 + 120 + 4 = 1024$
$49 \cdot 51 = (50 - 1)(50 + 1) = 2500 - 1 = 2499$
$29^2 = (30 - 1)^2 = 900 - 60 + 1 = 841$
b) $71 \cdot 69 = 4899$
$79 \cdot 81 = 6399$
$99 \cdot 101 = 9999$
$23^2 = 529$
$47^2 = 2209$
$48 \cdot 52 = 2496$
$81^2 = 6561$
$99^2 = 9801$
c) $74 \cdot 63 = 4662$
$31 \cdot 86 = 2666$
$57 \cdot 56 = 3192$

37 (25) *Wie wachsen Quadratzahlen?*
a)

	1^2	2^2	3^2	4^2	5^2	6^2	7^2	8^2	9^2	10^2	11^2	12^2
Quadrat	1	4	9	16	25	36	49	64	81	100	121	144
Differenz	–	3	5	7	9	11	13	15	17	19	21	23

b) $(n + 1)^2 - n^2 = 2n + 1$
Jede Quadratzahl $(n + 1)^2$ ist um $2n + 1$ größer als die vorhergehende Quadratzahl n^2.
c) Die Differenz zweier Quadratzahlen wächst immer um 2. Also ist die nächstgrößere Quadratzahl um $39 + 2$ größer, also $400 + 41 = 441$.
d) Nico: Z. B. $3 + 4 = 7$; $3^2 + 7 = 16 = 4^2$. Die Terme lauten:
$n + (n + 1) = 2n + 1$ und $n^2 + (2n + 1) = (n + 1)^2$.
Ilona: Z. B. $4 \cdot 2 - 1 = 7$; $3^2 + 7 = 16 = 4^2$. Die Terme lauten:
$2(n + 1) - 1 = 2n + 1$ und $n^2 + (2n + 1) = (n + 1)^2$

37 Kopfübungen

1. 12,25 g Fett; 5,25 g Eiweiß
2. Nur das Dreieck in b) ist konstruierbar.
3. a) 1 Lösung: 0   b) keine Lösung
4. $\beta = \delta$; $\alpha = \gamma$, dann gilt: $\beta = 162{,}7°$; $\alpha = \gamma = \dfrac{(360 - (2 \cdot 162{,}7°))}{2} = 17{,}3°$
5. a) a oder b = 0   b) $a = 0$, $b \neq 0$
6. $\dfrac{6}{20} = \dfrac{3}{10} = \left(\dfrac{3}{10}\right) \cdot 100\,\% = 30\,\%$
7. $10\,\text{kg} = \dfrac{30\,\text{Euro}}{1\,\text{kg}} = 3\,\text{Euro}$, also Preis $p[\text{in}\,€] = 3x$ mit x in kg

38

26 *Von den binomischen Formeln zum Pascal'schen Dreieck*

a) $(a + b)^3 = a^3 + 3a^2b + 3ab^2 + b^3$

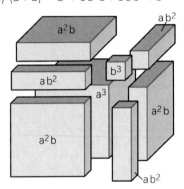

b) $(a + b)^4 = a^4 + 4a^3b + 6a^2b^2 + 4ab^3 + b^4$
$(a + b)^5 = a^5 + 5a^4b + 10a^3b^2 + 10a^2b^3 + 5ab^4 + b^5$ $(a + b)^6$
$= a^6 + 6a^5b + 15a^4b^2 + 20a^3b^3 + 15a^2b^4 + 6ab^5 + b^6$

- Die Zahlen vor den Variablen entsprechen den Zahlen einer Zeile aus dem Pascal'schen Dreieck: Man nimmt den um 1 erhöhten Exponenten des Binoms $(a + b)^n$, und liest die Zahlen in der $(n + 1)$-ten Zeile ab.
- Die Exponenten von a nehmen jeweils um 1 ab, die von b wachsen jeweils um 1. Die Summe der beiden Exponenten ist gleich dem Exponenten des Binoms.

c) $(a + b)^8$
$= a^8 + 8a^7b + 28a^6b^2 + 56a^5b^3 + 70a^4b^4 + 56a^3b^5 + 28a^2b^6 + 8ab^7 + b^8$ $(a + b)^9$
$= a^9 + 9a^8b + 36a^7b^2 + 84a^6b^3 + 126a^5b^4 + 126a^4b^5 + 84a^3b^6 + 36a^2b^7 + 9ab^8 + b^9$

27 *Rechenkünstler arbeiten mit Tricks*

a)

98^2	45^2	59^2	83^2
72	20	45	24
8164	1625	2581	6409
72	20	45	24
9604	2025	3481	6889

b) Das Quadrat ergibt sich aus: Beispiel: 96^2
1. Zeile: Produkt der beiden Ziffern $9 \cdot 6 = 54$
2. Zeile: Ziffern aus dem Quadrat der 1. und 2. Ziffer
$9 \cdot 9\ 6 \cdot 6 \,\hat{=}\, 81\ 36$
3. Zeile: Produkt der beiden Ziffern $9 \cdot 6 = 54$
Durch schriftliche Addition der Zahlen ergibt sich die Quadratzahl 9216. Dabei muss man darauf achten, dass man die Zahlen richtig untereinander anordnet.

c) Nein.

1.4 Gleichungen und Rechnen mit Formeln

39 **1** *Das kannst du schon (Wiederholung 1)*
a) $x = 11$ b) $x = 4$ c) $x = 4$ d) $b = 7$
e) $f = 2$ f) $k = 0$ g) $a = 4$ h) $x = -1$
i) allgemeingültig j) $y = 3$
Die Gleichung i) stellt die 3. Binomische Formel dar. Jede Zahl löst also diese Gleichung.

2 *Texte führen zu Gleichungen (Wiederholung 2)*
Zahlenrätsel I
$x + (x + 1) + (x + 2) = 372$
$\Rightarrow x = 123$
Die drei Zahlen sind 123, 124 und 125.
Rätselhafte Flächenveränderung
$a^2 - (a - 4)^2 = 72$
$\Rightarrow a = 11$
Die Seitenlängen des ursprünglichen Quadrates betrugen 11 cm.
Zahlenrätsel II
$\frac{x}{2} = x + 1$
$\Rightarrow x = -2$
Die gesuchte Zahl ist -2.
Zahlenrätsel III
$(x + 1)^2 - x^2 = 17$
$\Rightarrow x = 8$
Zahlenrätsel IV
$x + 7x = 10$
$\Rightarrow x = 1{,}25$
Die beiden Summanden sind 1,25 und 8,75.
Zahlenrätsel V
$6x - 2 = 2x$
$\Rightarrow x = \frac{1}{2}$
Die gesuchte Zahl ist $\frac{1}{2}$.

40 **3** *Tabellarisch und grafisch (Wiederholung 3)*
(1) Bei 2a) gibt es eine Lösung, weil bei steigendem x $T_1(x)$ größer und $T_2(x)$ kleiner wird. Sie muss zwischen 2 und 3 liegen. Bei 2b) gibt es keine Lösung, weil stets gilt: $T_2(x) = T_1(x) + 2$. Bei 2c) gibt es offensichtlich eine Lösung, die zwischen 3 und 4 liegt.
(2) a) $T_1(x) = 2x - 3$ und $T_2(x) = -4x + 12$
b) $T_1(x) = 3x - 2$ und $T_2(x) = 3x$
c) $T_1(x) = -x + 3$ und $T_2(x) = x - 4$

4 *Optimaler Puls*
a) $4 \cdot 140 + 3 \cdot 35 = 665$, somit passt der Puls gut zur Faustregel
b) $4 \cdot P + 3 \cdot 20 = 660$, somit ist der optimale Puls $P = 150$
c) $P(24) = 147$; $P(32) = 141$; $P(36) = 138$; $P(48) = 129$
d) $4 \cdot P + 3 \cdot A = 660 \quad | -4P$
$3A = 660 - 4P \quad | :3$
$A = 220 - \frac{4}{3}P$
$A(147) = 24$; $A(141) = 32$; $A(138) = 36$; $A(129) = 48$

40 **5** *Drei Aufgaben – Eine Formel*
  a) Die mittlere Aufgabe lässt sich direkt lösen:
  $$v = \frac{s}{t} = \frac{180\,km}{4{,}25\,h} = 42{,}4\,\frac{km}{h}$$
  b) Aufgabe links:
  $$t = \frac{s}{v} = \frac{45\,km}{18\,\frac{km}{h}} = 2{,}5\,h = 150\,min$$
  Aufgabe rechts:
  $$s = v \cdot t = 16\,\frac{km}{h} \cdot 25\,min = 16\,\frac{km}{h} \cdot \frac{5}{12}\,h = 4\,km$$
  c) Durch Äquivalenzumformungen.

42 **6** *Training*
  a) $x = 4$ b) $x = 2$ c) $x = -4$
  $\quad x = 27$ $\quad a = 1{,}5$ $\quad a = 23$
  $\quad t = 10$ $\quad x = 7$ $\quad x = 9$
  $\quad a = 0{,}2$ $\quad y = 0{,}125$ $\quad$ allgemeingültig
  $\quad x = 14$ $\quad$ keine Lösung $\quad s = 0{,}4$

7 *Eine besondere Form von Gleichung*
  a) $x^2 - 2x = 0$
  $\quad x(x - 2) = 0$, somit gibt es 2 Lösungen; 0 und 2.
  b) (1) $2x^2 + 12x = 0$
  $\quad\quad 2x(x + 6) = 0$, somit gibt es die Lösungen 0 und -6
  $\quad$ (2) $x \cdot (x + 5) \cdot (x - 2) = 0$
  $\quad\quad$ Die Lösungen lauten: $0; -5$ und 2.
  $\quad$ (3) $(2x + 6)^2 = 0$
  $\quad\quad (2x + 6)(2x + 6) = 0$. Die (doppelte) Lösung lautet: -3.
  $\quad$ (4) $2 \cdot (x + 6) \cdot (x - 6) = 0$
  $\quad\quad$ Die Lösungen lauten: -6 und 6.
  $\quad$ (5) $4x^2 + 12x = 0$
  $\quad\quad x \cdot (4x + 12) = 0$, somit gibt es die Lösungen 0 und -3.
  $\quad$ (6) $(x + 4) \cdot (2x - 3) = 0$
  $\quad\quad$ Die Lösungen sind somit -4 und $1{,}5$.
  c) $(3 - x) \cdot (5 - x) \cdot (7 - x) = 0$

43 **8** *Zahlenrätsel*
  a) $\frac{x}{4} = x + 3$ b) $3x + 6 = 131 - 2x$ c) $24 - \frac{x}{3} = 12$ d) $\frac{x}{2} = 10x$
  $\quad x = -4$ $\quad x = 25$ $\quad x = 36$ $\quad x = 0$

9 *Geometrische Probleme*
  $(x - 2)(x + 3) = x^2$ $2(a + (a + 4)) = 56$
  $x = 6$ $a = 12$
  Die Quadratseiten sind 6 cm lang.   Die Seiten sind 12 m und 16 m lang.
  $\quad$ Der Flächeninhalt beträgt 192 m².

10 *Gemeinsamer Garten*
  a) $\frac{1}{3} + \frac{3}{8} = \frac{17}{24}$, also entsprechen $\frac{7}{24}$ 175 m². $F = 175\,m^2 \cdot \frac{24}{7} = 600\,m^2$
  Der Garten ist 600 m² groß.
  b) $x + (x - 4) + (x - 9) = 60$
  $\quad x = 24\frac{1}{3}$
  Micky erhält $24\frac{1}{3}$ kg, Goofy $20\frac{1}{3}$ kg und Donald $15\frac{1}{3}$ kg.

43

11 *Zeitungsmeldungen*
(1) $x \cdot 0{,}8 = 380 \Rightarrow x = 475$
Vorher gab es 475 Wildunfälle.
(2) $x \cdot 1{,}1 = 770 \Rightarrow x = 700$
Vorher wurden Reisen ab 700 € angeboten.
(3) $x \cdot 1{,}19 = 59{,}50 \Rightarrow x = 50$
50 € ohne Mehrwertsteuer.
(4) $x \cdot 0{,}8 \cdot 1{,}15 = 4600 \Rightarrow x = 5000$
Der Wagen kostete vorher 5000 €.

12 *Autovermietung*
a) $40 + 0{,}5x = 30 + 0{,}6x$
$\Rightarrow x = 100$
Bei 100 km Fahrstrecke sind beide Mietwagen gleich teuer.
b) Wenn sie mehr als 100 km fahren möchte, ist der Mietwagen mit dem niedrigeren Kilometerpreis, also Rentacar, günstiger.

13 *Ein Würfel*
a) $6(a+5)^2 - 6a^2 = 750$
$\Rightarrow a = 10$
Der Ausgangswürfel hat die Kantenlänge 10 cm.
b) Schüleraktivität.

44

14 *Kalkulation einer Schülerzeitung*
a) Schüleraktivität.
b) $2 \cdot x$ sind die Einnahmen für x verkaufte Exemplare; $124 + 0{,}45 \cdot x$ sind die Kosten aus Grundbetrag und Kosten pro Exemplar. Die Einnahmen sollen mindestens so hoch sein wie die Ausgaben.
$2x \geq 124 + 0{,}45x$
$x \geq 80$
Um „schwarze Zahlen" zu schreiben, müssen mindestens 80 Exemplare verkauft werden.
c) Systematische Suche nach der Lösung mit der Tabelle.

x	2x	124 + 0,45x
50	100	146,5
100	200	169
150	300	191,5
200	400	214
250	500	236,5
75	150	157,75
80	160	160

Grafische Lösung: Man sucht sich den Schnittpunkt der beiden Geraden, dessen x-Koordinate die Anzahl der zu verkaufenden Exemplare angibt, die weder zu einem Gewinn noch zu einem Verlust führt.

15 *Umdrehen des Ungleichheitszeichens*
Die Multiplikation mit einer negativen Zahl ändert die Lage der beiden Zahlen zueinander auf der Zahlengerade: Wenn die eine Zahl vorher links von der anderen lag, liegt sie jetzt rechts davon und umgekehrt.

45 **16** *Training*
a) $x \geq 7$ b) $x \geq 5$ c) $x < 1$ d) $x \leq 5{,}5$ e) $a > -0{,}75$ f) $p \leq 12$

17 *Ungleichungen mit Lösungsmenge*
$L = \{x \mid x \geq 7\}$
$L = \{x \mid x \geq 5\}$
$L = \{x \mid x < 1\}$
$L = \{x \mid x \leq 5{,}5\}$
$L = \{a \mid a > -0{,}75\}$
$L = \{p \mid p \leq 12\}$

18 *Geometrische Probleme mit Ungleichungen*
a) $5(x + 2) > 40$
$\Rightarrow x > 6$
x muss größer als 6 cm sein.
b) $4x \leq \frac{1}{2}(12 + 16 + 22)$
$\Rightarrow x \leq 6{,}25$
Alle Seitenlängen, die höchstens 6,25 cm betragen, sind möglich.

19 *Textaufgaben*
a) $2x + 4 \leq 3x;\ L = \{x \mid x \leq 4\}$
b) $4x + 5 \leq 3x;\ L = \{x \mid x \leq -5\}$
c) $2 \cdot b + 2 \cdot 7 < 25;\ L = \{b \mid b < 5{,}5\}$

20 *Pakete und Getränkekisten*
a) 1. Päckchen: 87 cm < 90 cm $\Rightarrow$ erfüllt die Vorgabe
  2. Päckchen: 90,5 cm > 90 cm $\Rightarrow$ erfüllt die Vorgabe nicht
  3. Päckchen: Höhe darf maximal 15 cm sein
b) $0{,}85\,\text{m} + x \cdot 0{,}45\,\text{m} < 3{,}20\,\text{m};\ x \leq 5$
Es dürfen höchstens 5 Kisten übereinander gestapelt werden.

46 **21** *Verschiedene Gleichungen von gleicher Form*
a) (1) $3x + 2 = 14$ (2) $0{,}7x + (-0{,}5) = 3$ (3) $(-5)x + \frac{3}{2} = 21{,}5$
       $3x = 12$ $0{,}7x = 3{,}5$ $-5x = 20$
       $x = 4$ $x = 5$ $x = -4$

In allen drei Fällen wurden zunächst die Zahlen rechts vom Gleichheitszeichen zusammengefasst, danach wurde durch den Faktor von x dividiert.
b) Lisa hat durch Äquivalenzumformungen die Ausgangsgleichung nach der Variablen aufgelöst.
c) Es gibt zwei Terme mit der Variablen, die man zunächst zusammenfassen muss.
$4x + 7 = 35 + 2x$
$2x + 7 = 35$
d) Es muss $a \neq 0$ sein, da man durch 0 nicht dividieren darf. Wenn $a = 0$ ist, dann lautet die Gleichung $0 \cdot a + b = c$, also $b = c$. Wenn das der Fall ist, sind alle Zahlen Lösung, wenn nicht, gibt es keine Lösung.

47 **22** *Formeln für ein gleichschenkeliges Dreieck*
a) $U = x + 2y$ b) $y = \frac{1}{2}(U - x)$ c) $x = U - 2y$

47 ⟦23⟧ *Training 1: Gleichungen nach x auflösen*

a) $x = 2 + \frac{1}{3}b$ b) $x = \frac{1}{3}a$ c) $x = b$ d) $x = -\frac{3}{2}a$

e) $x = \frac{1}{3}(a+b)$ f) $x = \frac{1}{7}a - 2b$ g) $x = \frac{b-a}{4}$ h) $x = \frac{b+2}{3a}$

⟦24⟧ *Training 2: Gleichungen nach allen auftretenden Variablen auflösen*

a) $b = a - c$ b) $a = \frac{5}{3}b + 5$ c) $b = \frac{1}{2}(a - 3c)$

$c = a - b$ $b = \frac{3}{5}a - 3$ $c = \frac{1}{3}(a - 2b)$

d) $a = 3b - 1$ e) $b = \frac{a}{c}$ f) $a = \frac{1}{b+2}$

$b = \frac{1}{3}(a+1)$ $c = \frac{a}{b}$ $b = \frac{1}{a} - 2$

Die Einschränkungen verhindern, dass es zu einer Division durch 0 kommt.

⟦25⟧ *Arithmetisches Mittel*

a)

a	3	−2	$\frac{1}{2}$	−0,3	0,25
b	7	3	$\frac{5}{4}$	1,2	0,75
d	5	0,5	$\frac{7}{8}$	0,45	0,5

b) $a = 2d - b$ $b = 2d - a$

a	2,5	−6	1,7	$\frac{1}{4}$	−1,59
b	3,9	4	3,1	$\frac{3}{4}$	0,15
d	3,2	−1	2,4	$\frac{1}{2}$	−0,72

⟦26⟧ *Eine Zinsformel*

a) $K = \frac{100 \cdot Z}{p}$; $p = \frac{100 \cdot Z}{K}$

b)

Kapital in €	500	4 615,38	3 700	3 206,67	3 265
Zinssatz in %	2,5	3,25	6,8	7,5	3,25
Jahreszinsen in €	12,5	150	251,60	240,50	106,11

48 ⟦27⟧ *Flächenformeln*

$A = \frac{1}{2} \cdot g \cdot h$; $h = \frac{2 \cdot A}{g}$; $g = \frac{2 \cdot A}{h}$

$A = \frac{1}{2} \cdot (a+c) \cdot h$; $h = \frac{2A}{a+c}$; $a = \frac{2A}{h-c}$; $c = \frac{2A}{h-a}$

Dreieck		
g	h	A
7	8	28
52	10	260
9,4	6,5	30,5
20,5	9,8	100

Trapez			
a	c	h	A
10	3	5	32,5
12	4	2,5	20
13	11	5,5	66
9,5	5,5	36	270

48 (28) *Prozentrechnung mit Tabellenkalkulation*
a) B5 enthält den Grundwert, C5 den Prozentsatz, E5 soll den Prozentwert enthalten.
   Die Formel E5 = B5·C5/100 bedeutet deshalb: $P = G \cdot \frac{p}{100}$.
b) Es handelt sich um die Auflösung der Formel nach dem Grundwert: $G = \frac{P}{\frac{p}{100}}$
c) Zelle E2: = C2/B2*100 $p = \frac{P \cdot 100}{G}$
d) Von links nach rechts: 7,20 €; 3 269,23 €; 87,8 %; 1 609,41 €; 1,52 €

Kopfübungen
1. Luca hat besser getroffen.
2. Wahre Aussage.
3. Der Würfel ist 5 cm hoch.
4. $\alpha = \beta = 34{,}5°$
5. Die Zahl heißt −1.
6. p(rote Schoko-Linse) = $\frac{7}{15}$
7. Mit x kann man berechnen, wie viel T-Shirts man sich kaufen kann, wenn man 100 € zur Verfügung hat und ein Sweatshirt kaufen möchte.

49 (29) *Ein berühmtes Optimierungsproblem*
a) Die Vermutung ist, dass Länge und Breite gleich sein müssen, um eine möglichst große Fläche zu erhalten; das Rechteck muss also ein Quadrat sein.
b) Spalte C (Breite) und Spalte D (Flächeninhalt) ergeben sich durch folgende Rechnungen: C = 0,5·A − B; D = B·C
c) Flächeninhalt eines Quadrats mit U = 4a: $A = a^2$;
   Umfang U des Rechtecks: $U = 2 \cdot (a + x) + 2 \cdot (a - x) = 4a$
d) A des Rechtecks: $A = (a + x) \cdot (a - x) = a^2 - x^2$. Da $x^2 \geq 0$, ist der Flächeninhalt des Rechtecks immer kleiner als der des Quadrats.
e) Ein spezielles Rechteck: Quadrat.

Kapitel 2
Vierecke und Vielecke – Konstruieren, Definieren und Begründen

Didaktische Hinweise

Die Vielecke – insbesondere Dreiecke und Vierecke – wurden in den Bänden 5 bis 7 im Rahmen der Geometrie bereits ausführlich behandelt. Aufbauend auf diesen Vorkenntnissen und Erfahrungen wird in diesem Kapitel nun stärker argumentierend gearbeitet. Ausgehend vom Konstruieren der Vierecke rückt die Definition der Begriffe und damit das Definieren selbst stärker in den Blickpunkt. Dabei spielen die verschiedensten Eigenschaften der Vierecke eine Rolle. Diese eignen sich nicht nur zum Einüben des Definierens, sondern in besonderer Weise als Übungsfeld zum Aufzeigen von Zusammenhängen und Abhängigkeiten (lokales Ordnen) und zum Systematisieren unter verschiedenen Gesichtspunkten. Im dritten Lernabschnitt werden hierfür viele Aufgaben bereitgestellt, bei denen diesbezügliche Fähigkeiten mit hoher Eigenaktivität entwickelt werden können. Gleichzeitig wird damit die ordnende Kraft verschiedener Darstellungsmöglichkeiten (Tabellen, Ordnungsdiagramme, Mengendiagramme, Flussdiagramme) verdeutlicht. Über die definierenden Eigenschaften hinaus lassen sich an Vierecken (und Vielecken) noch viele andere Eigenschaften entdecken. Daraus entsteht die Notwendigkeit des Begründens und Beweisens dieser Eigenschaften. Dies wird in einem eigenen Lernabschnitt thematisiert. Damit wird an die ersten Schritte des Begründens und Beweisens angeknüpft, die im Zusammenhang mit den Winkelsätzen und den Kongruenzsätzen in Band 7 gemacht wurden.

Im Lernabschnitt **2.1** werden zunächst unterschiedliche Möglichkeiten zur eindeutigen Konstruktion von Vielecken erarbeitet und auf vielfältige Problemstellungen und Situationen angewendet. Im Sinne des kumulativen Lernens erfährt der Lernende hier auch den Nutzen des vorher schon erworbenen geometrischen Wissens (Kongruenzsätze, bewegliche Vierecke, Symmetrien und Abbildungen). Zusätzlich wird hier über eigenständige Versuche das Definieren thematisiert und im Basiswissen „Was ist eine gute Definition" (S. 63) festgehalten. Über den mathematischen Zusammenhang hinaus wird das Definieren auch auf andere Bereiche übertragen und geübt.

Es werden auch realitätsbezogene Anwendungen spezieller Viereckseigenschaften (Gelenkparallelogramme, Stabilisierung durch Diagonalen im Viereck, Nutzen von Trapez- und Rechteckformen) thematisiert.

Das „Ordnen in der Vielfalt" steht im Lernabschnitt **2.2** *Vierecke systematisch – Ordnen in der Vielfalt* im Vordergrund. Dabei werden insbesondere die Vierecke nach verschiedenen Kriterien geordnet. Im Basiswissen ist ein Ordnungsdiagramm zum „Haus der Vierecke" festgehalten. Der Lernende erfährt eindrucksvoll eine der Stärken der Mathematik, nämlich mithilfe systematischer Darstellungen in Tabellen, Diagrammen und Bildern eine lokale Ordnung in der globalen Vielfalt herzustellen. Die zahlreichen Übungen entwickeln die Fähigkeiten zum Erkennen und Beschreiben von Zusammenhängen und Abhängigkeiten in lokalen Ordnungssystemen. Gleichzeitig werden viele Gelegenheiten zum Formulieren mathematischer Sätze in der „Wenn – Dann – Form" und zum eigenständigen Definieren geboten.

Der Lernabschnitt **2.3** widmet sich dem Entdecken, Begründen und Beweisen von mathematischen Sätzen. Diese Aktivität wurde bisher nur in Band 7 in Ansätzen behandelt. Anliegen des Lernabschnitts ist es, die Notwendigkeit des Beweisens zu thematisieren und verschiedene Anregungen zum Beweisen zu geben. Dies geschieht vor allem auf dem Weg, in Eigenaktivität verschiedene Entdeckungen von geometrischen Zusammenhängen zu machen und sich dann zu fragen, warum diese Zusammenhänge gelten und ob sich diese Beobachtungen verallgemeinern lassen. Ergänzt wird dieser Zugang durch Aufgaben, in denen bereits bekannte geometrische Sätze bewiesen werden. Zum Beweisen selbst werden die unterschiedlichsten Tipps und Hilfen gegeben, sodass ein selbstständiges Arbeiten möglich ist. Im Basiswissen ist ein Zweispaltenbeweis vorgeführt (S. 78). Weitere Beweismethoden finden sich in den Übungen. Auf die Methode „Beweis durch Widerspruch" wurde in diesem Lernabschnitt bewusst verzichtet. Diese Methode wird in Kapitel 5 im Zusammenhang mit irrationalen Zahlen thematisiert. Ein Projekt zur Viviani-Eigenschaft bietet kurz vor dem Ende des Lernabschnitts die Möglichkeit des selbstständigen Forschens und der Anwendung der im Lernabschnitt trainierten Beweisverfahren. Den Abschluss des Kapitels bildet das Vierfarbenproblem. Nach der Vorstellung dieses klassischen Problems in einem Exkurs werden Möglichkeiten zu Eigenaktivitäten gegeben.

2 Vierecke und Vielecke – Konstruieren, Definieren und Begründen

Lösungen

2.1 Konstruieren und Definieren von Vierecken

1 *„Baukasten" zur Konstruktion von Vierecken*
Schüleraktivität.

2 *Von starren und beweglichen Vierecken*
a) Das Dreieck ist in seiner Form und Größe nach dem Kongruenzsatz SSS eindeutig bestimmt. Vierecke sind durch die Angabe der vier Seiten nicht eindeutig bestimmt. Man kann die Form des Vierecks aus Pappstreifen verändern.
b) Eine Diagonale zerlegt das Viereck in zwei Dreiecke; diese sind in ihrer Form und Größe (nach dem Kongruenzsatz SSS) eindeutig bestimmt. Damit ist auch das Viereck eindeutig bestimmt. Durch die Festlegung eines Winkels entsteht ein starres Teildreieck (nach SWS). Damit ist das Viereck dann auch eindeutig festgelegt.
c) Schüleraktivität.

3 *Viereckspuzzle*
Man muss im Allgemeinen fünf Maße bestimmen, z. B. drei Seiten und die beiden eingeschlossenen Winkel, oder zwei Seiten und drei Winkel.

4 *Treppenhaus*
a) 123° und 57°
b) 33°

5 *Viereckskonstruktionen*
a)
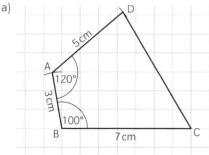

Die Konstruktion ist eindeutig.

b)
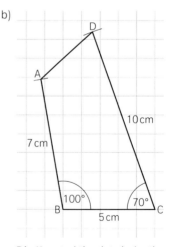

Die Konstruktion ist eindeutig.

60 **5** c)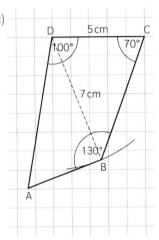

Die Konstruktion ist eindeutig.

d)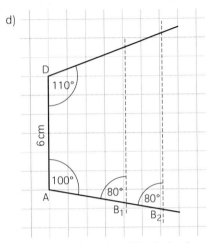

Die Konstruktion ist nicht eindeutig.

6 *Symmetrisches Trapez*
1. Zeichne die Seite a.
2. Zeichne einen Kreis um A mit dem Radius d = b.
3. Trage in Punkt A den Winkel α ein.
4. Zeichne einen Kreis um B mit dem Radius b
5. Trage in Punkt B den Winkel β = α ab
6. Benenne den Schnittpunkt D.
7. Benenne den Schnittpunkt C.
8. Vervollständige das Viereck ABCD.

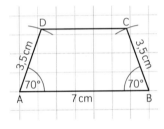

61 **7** *Drachen*
a) Schüleraktivität.
b) 1. Zunächst Seite a zeichnen.
2. An Punkt A einen 45° Winkel einzeichnen.
3. Seite d zeichnen mit Länge a = d
4. Mittelpunkt zwischen B und D markieren
5. Winkelhalbierende von α zwischen A und Mittelpunkt von BD genügend lang zeichnen bis deutlich über den Mittelpunkt hinaus
6. Kreis um D mit dem Radius r = c zeichnen. Der Schnittpunkt von Kreis und Winkelhalbierende ergibt C.
7. B mit C verbinden.
c) Mehrere Wege sind möglich, z. B. eine Konstruktion über das Teildreieck ABD.

8 *Besondere Vierecke*
a) Mit der Eigenschaft „Gegenüberliegende Seiten sind parallel zueinander und gleich lang" folgt $\overline{AD} = \overline{BC}$ und $\overline{AB} = \overline{CD}$.
Mit $\overline{AB}$, $\overline{AD}$ und α kann man das Teildreieck ABC konstruieren (Kongruenzsatz SWS).
b) Eigenschaft „Alle Seiten sind gleich lang und alle Winkel sind 90° groß".
c) Mit der Eigenschaft „Alle Seiten sind gleich lang" kann man das Teildreieck ABC konstruieren (Kongruenzsatz SWS).
d) Mit der Eigenschaft „Alle Winkel sind 90° groß" kann man das Teildreieck ABC konstruieren aus $\overline{AB}$, $\overline{AC}$ und β (Kongruenzsatz SSW).
e) Mithilfe der Seitenangaben lässt sich das Teildreieck ABC konstruieren (Kongruenzsatz SSS). Beim Drachen erhält man den Punkt D durch Spiegelung des Punktes B an $\overline{AC}$.

61

9 „Koordinatengeometrie"
a) ABCD ist ein Drachenviereck.
b) A_1BCD ist eine Raute mit $A_1(5|4)$.
c) A_2BC_2D ist ein Quadrat mit $A_2(2|4)$ und $C_2(10|4)$.

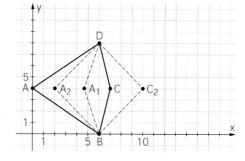

10 *Zwei Dreiecke*
Es lassen sich drei Parallelogramme bilden, indem die gleich langen Seiten aufeinandergelegt werden, sodass dabei kein Dreieck entsteht. Ein Parallelogramm ist dadurch festgelegt, dass gegenüberliegende Winkel gleich groß sind.

11 *Unmögliche Vierecke*
a) Das Teildreieck ACD ist durch Angabe der drei Seitenlängen eindeutig bestimmt (Kongruenzsatz SSS). Winkel δ ist demnach nicht frei wählbar.
Er beträgt nach den angegebenen Seitenlängen nicht 65°.
Allgemein ausgedrückt: Teildreieck ACD ist mit vier Angaben überbestimmt, für Teildreieck ABC fehlt hingegen eine Angabe.
b) Die Winkelsumme beträgt nicht 360°; außerdem fehlt eine weitere Seitenlänge.
c) Da die Diagonale $\overline{AC}$ kürzer ist als die Diagonale $\overline{BD}$, muss bei A ein stumpfer Winkel vorliegen.
d) In einer Raute sind α und β zusammen 180° groß; das ist bei den gegebenen Winkeln nicht der Fall.
e) Ein Drachen hat zwei Paare gleich langer Seiten; gegeben sind drei verschiedene Seitenlängen.

12 *Entdeckungen mit DGS*
a) Es entsteht eine Raute.   b) Es entsteht ein Parallelogramm.

62

13 *Fensterscheiben*
In der Zeichnung sind die zu messenden Längen gekennzeichnet. Die dünnen Linien ergeben sich daraus.
linkes Fenster: Wenn man davon ausgeht, dass die unteren Winkel rechte Winkel sind, reicht die Messung von drei Seitenlängen: links, unten und rechts.
mittleres Fenster: Wenn man davon ausgeht, dass es sich bei dem unteren Teil um ein Parallelogramm handelt, muss man einen Winkel und zwei Seitenlängen messen. Von dem Dreieck sind dann schon ein Winkel und eine Länge bekannt, man muss noch die linke Seitenlänge messen.
rechtes Fenster: Man misst die Breite und die Höhe der rechteckigen Tür. Wenn das obere Dreieckfenster rechtwinklig und gleichschenklig ist, kann man es ohne weitere Messung konstruieren. Die seitlichen Fenster sind symmetrische Trapeze mit den Winkeln 45° bzw. 135°. Hier reicht es, z. B. die Höhe der Trapeze zu messen.

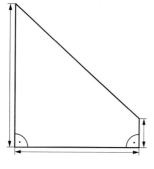 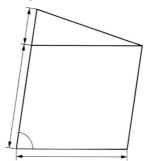 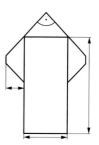

14 Einbauschrank

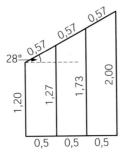

(alle Maße in m)

15 Damm
Der Radweg wird 2 m breit.

16 Ist der Rahmen rechtwinklig?
Die beiden Diagonalen müssen exakt gleich lang sein, wenn der Rahmen nur rechte Winkel enthält. Liegen keine rechten Winkel vor, ergibt sich für den Rahmen ein Parallelogramm, bei dem eine Diagonale kürzer ist als die andere.

17 Was ist eigentlich ein Rechteck?
Ein Rechteck ist ein Viereck mit vier rechten Winkeln.

18 Gute Definition für eine Primzahl
Antwort (3)

19 Was ist ein Messer?
Z.B.: Ein Gegenstand bestehend aus Griff und Klinge, mit der geschnitten und (gegebenenfalls) gestochen werden kann.

20 Definitionen für Vierecke
1. Reihe (von links nach rechts)
(1) Raute;   (2) Trapez;   (3) Quadrat
2. Reihe (von links nach rechts)
(4) Rechteck;   (5) Drachenviereck;   (6) Parallelogramm

21 Eigenschaften von Vierecken

2 Paare paralleler Seiten	2, 3, 4, 5, 6, 11
4 gleich lange Seiten	2, 3, 6
4 rechte Winkel	3, 4, 6
4 gleich lange Seiten und 4 rechte Winkel	3, 6
2 Paare gleich langer, aneinanderstoßender Seiten	2, 3, 6, 7, 10
gegenüberliegende Winkel sind gleich groß	2, 3, 4, 5, 6, 11

Definitionen lassen sich finden, indem man jeweils zu einem Viereck alle erfüllten Eigenschaften sammelt und dann die redudanten Informationen entfernt.

2 Vierecke und Vielecke – Konstruieren, Definieren und Begründen | 41

22 *Entscheidungen*
Bei dieser Aufgabe soll der Gebrauch des Begriffs *Definition* noch einmal trainiert werden. Dabei werden die Schülerinnen und Schüler feststellen, dass es wesentlich leichter ist, mathematische Figuren eindeutig zu definieren als Gebrauchsgegenstände.

65 **22** a) schlecht (Einen Kreis kann man z. B. auch mit einer Münze zeichnen.)
b) schlecht (Danach wäre eine Raute auch ein Quadrat, was falsch ist.)
c) schlecht (Diese Definition wäre dann gut, wenn man ergänzen würde, dass eine Diagonale halbiert wird.)
d) gut
e) schlecht (Ein Roller hat auch zwei Räder.)
f) schlecht (Danach wäre auch eine Raute oder ein Parallelogramm ein Rechteck, was aber falsch ist.)

Kopfübungen
1. a) 222 b) 0,22
2. Ja
3. $x = 6$, es wird die Zeit für die jeweilige Präsentation berechnet.
4. Fläche: $85\,\text{m} \cdot 50\,\text{m} = 4250\,\text{m}^2$, somit stehen jedem Huhn etwa $5{,}3\,\text{m}^2$ zu.
5. Z.B. $(15|-4)$
6. 0 Geschwister: 36 %; 1 Geschwister: 48 %; 2 Geschwister: 16 %
7. a) Er kommt nach 12 Stunden inklusive Rückfahrt zurück.
   b) $4 + x \cdot \frac{2}{3}$

66 **23** *Insekten*
Insekten sind: Marienkäfer, Schabe, Waldgrille, Menschenfloh, Ameise

24 *Was macht einen Schlunz zu einem Schlunz?*
„Schlunze" sind Figuren mit folgenden Eigenschaften:
- Begrenzung hat keine Ecken.
- Im Innern ist ein dunkelroter Punkt.
- Mindestens ein nach außen gerichteter „Kurvenpfeil".

25 *Spunk*
Schüleraktivität.

67 **26** *Entdeckungen an der Nürnberger Schere*
a) Die Gelenkrauten sind besonders geeignet, da man durch die gleiche Länge aller Seiten die maximale Längenänderungsmöglichkeit erhält.
b) Bei Verdopplung der Anzahl bzw. der Länge der Streifen verdoppelt sich auch die maximal mögliche Auszugslänge.
Mit Parallelogrammen lässt sich keine Nürnberger Schere bilden. Das Drachenviereck hingegen eignet sich. Allerdings wird hier die maximal mögliche Auszugslänge durch die kürzere der beiden Viereckseiten begrenzt.

27 *Pop-Up-Karten*
Bei dieser Aufgabe lohnt es sich, die Schüler Pop-Up-Karten bzw. -Bücher mitbringen zu lassen und den Funktionsmechanismus zu analysieren.

2.2 Vierecke systematisch – Ordnen in der Vielfalt

68 **1** *Eigenschaften von Vierecken systematisch dargestellt*
a) Trapez: P
Quadrat: SG, SN, S2G, S2N, S4, WG, WN, W2G, W2N, W4, P, P2

b)

	SG	SN	S2G	S2N	S4	WG	WN	W2G	W2N	W4	P	P2
Trapez	–	–	–	–	–	–	–	–	–	–	x	–
gleichschenkliges Trapez	x	–	–	–	–	x	–	x	–	–	x	–
Drachenviereck	–	x	–	x	–	x	–	–	–	–	–	–
Parallelogramm	x	–	x	–	–	x	–	x	–	–	x	x
Rechteck	x	–	x	–	–	x	x	x	x	x	x	x
Raute	x	x	x	x	x	x	–	x	–	–	x	x
Quadrat	x	x	x	x	x	x	x	x	x	x	x	x

Das Quadrat hat die meisten Kreuzchen (12), gefolgt von Rechteck und Raute (je 9), dann Parallelogramm (6), gleichschenkliges Trapez (4) und Drachenviereck (3); die wenigsten Kreuzchen hat das Trapez (1).

c) W4 definiert das Rechteck.
Trapez: P
gleichschenkliges Trapez: W2N
Drachenviereck: S2N, oder auch SN und WG
Parallelogramm: P2, oder auch S2G
Rechteck: W4
Raute: S4
Quadrat: S4 und W4, oder auch S4 und WN

69 **2** *„Verwandtschaft" von Vierecken*
a) Im Diagramm bedeutet ein X → Y: Wenn ein Viereck X ist, dann ist es auch Y.
b) z.B. Quadrat → Rechteck → Parallelogramm → Trapez → Viereck
c)

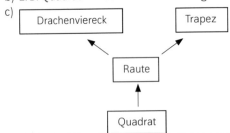

3 *Sortieren von Vierecken im Flussdiagramm*
a) Quadrat in ①, Parallelogramm in ⑦
b) Rechteck in ③, gleichschenkliges Trapez in ④, Raute in ⑤, Drachenviereck in ⑥, Trapez in ⑧
c) ② bleibt leer.
d) Die Vierecke werden wieder alle in getrennte Behälter sortiert, gelangen aber in andere Behälter.

2 Vierecke und Vielecke – Konstruieren, Definieren und Begründen

71 (4) *Wahr oder falsch?*
a) Wahr.
b) Falsch; beim Drachen müssen nicht alle vier Seiten gleich lang sein.
c) Falsch; im gleichschenkligen Trapez sind die Diagonalen gleich lang.
d) Wahr.
e) Falsch; ein Rechteck hat vier rechte Winkel.

(5) *Wer hat Recht?*
Yvonne hat Recht. Ein punktsymmetrisches Viereck hat zwei Paare paralleler Seiten und ist damit ein Parallelogramm, unabhängig davon, welche Eigenschaften es zusätzlich hat.

(6) *Welche Vierecke werden hier beschrieben?*
a) Rauten   b) Rechtecke   c) Quadrate
d) Rechtecke   e) Rauten   f) Rauten

(7) *Welche Vierecke verstecken sich hier?*
(1) Trapez
(2) Raute, Drachenviereck, Trapez, Parallelogramm, gleichschenkliges Trapez
(3) Raute, Drachenviereck, Trapez, Parallelogramm, gleichschenkliges Trapez
(4) Parallelogramm, Trapez, gleichschenkliges Trapez
(5) Quadrat, Rechteck, Trapez

(8) *Viereck aus zwei Eigenschaften zeichnen*

		Anzahl Paare paralleler Seiten		
		0	1	2
Anzahl rechter Winkel	0	◇	▱	▱ ◇
	1	⬠	–	–
	2	–	⬠	–
	3	–	–	–
	4	–	–	□ ▭

72 (9) *Wenn-dann-Aussagen*
a) (1) Wenn es ein Feuerwerk gibt, dann ist Silvester. Falsch, ein Feuerwerk gibt es manchmal auch bei anderen Gelegenheiten.
(2) Wenn Simon mit dem Bus zur Schule fährt, regnet es. Falsch, Simon kann auch aus anderen Gründen mit dem Bus fahren.
(3) Wenn Kai in einem Schaltjahr geboren wurde, dann hat er am 29. Februar Geburtstag. Falsch; er könnte an jedem anderen Tag in dem Schaltjahr geboren sein.
(4) Wenn Herr M. sich zur Tatzeit am Tatort befand, dann ist er der Täter. Falsch; Herr M. könnte auch ein Zeuge oder sogar das Opfer sein.
(5) Wenn die 6. Stunde ausfällt, ist hitzefrei. Falsch, die 6. Stunde kann auch aus anderen Gründen ausfallen.

72 [9]   (6) Wenn es auf der Straße hell ist, dann scheint die Sonne. Falsch; es könnte auch bewölkt sein, oder Laternen könnten die Straße erleuchten.
(7) Wenn ich mich ins Bett lege, bin ich krank. Falsch, wenn ich schlafen gehe, lege ich mich auch ins Bett.
(8) Wenn die Fans jubeln, schießt Klara ein Tor. Falsch, Klara könnte auch Tore schießen, wenn keine Fans da sind oder nur Fans der Gegner.
b) Schüleraktivität.

[10] Welche Aussagen sind wahr?
a) Falsch. Auch ein beliebiges Viereck kann orthogonale Diagonalen haben.
b) Wahr; die Diagonalen sind in allen Rechtecken gleich lang.
c) Falsch; auch im gleichschenkligen Trapez sind die Diagonalen gleich lang.
d) Falsch. Auch andere Vierecke können parallele Seiten haben, z. B. Parallelogramme.

Kopfübungen
1. 1,2 Milliarden Menschen
2. Pyramide
3. 40
4. $\alpha = 30°$, $2\alpha = 60°$, $3\alpha = 90°$
5. $m = -3$; $n = -1$
6. $\frac{12}{365}$
7. $\frac{1}{12} \cdot x = y$, wobei x die Anzahl der Monate und y die Anzahl der Jahre ist.

73 [11] *Ordnen mithilfe der Symmetrie*
a) ■ Quadrat: 4 Symmetrieachsen und punktsymmetrisch
   ■ Rechteck und Raute: 2 Symmetrieachsen und punksymmetrisch
   ■ Drachenviereck und gleichschenkliges Trapez: 1 Symmetrieachse
   ■ Parallelogramm: punktsymmetrisch

b)

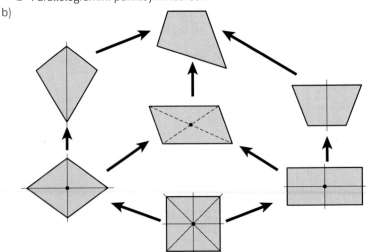

Das Haus der Vierecke ist auch nach Symmetriegesichtspunkten geordnet.
c) Liegen zwei oder vier Achsensymmetrien vor, so kommt jeweils noch die Punktsymmetrie hinzu. Drehzentrum ist der Schnittpunkt der Symmetrieachsen. Dann hat man also drei oder fünf Symmetrien. Vierecke mit genau zwei oder vier Symmetrien gibt es also nicht.
d) Das Quadrat kommt bei Drehungen um 90°, 180° und 270° mit sich selbst zur Deckung.

2 Vierecke und Vielecke – Konstruieren, Definieren und Begründen

73 ⌐12⌐ *Mengendiagramm*
a) ① Die Menge der Parallelogramme ist ganz in der der Trapeze enthalten.
② Die Menge der gleichschenkligen Trapeze und die Menge der Parallelogramme haben eine gemeinsame Schnittmenge, die Rechtecke.
③ Die Menge der Rechtecke ist ganz in der Menge der gleichschenkligen Trapeze enthalten.
b) Beispiele:
- Manche Parallelogramme sind Rechtecke.
- Jedes Rechteck ist ein Parallelogramm.

⌐13⌐ *Mengendiagramm für Parallelogramm, Quadrat, Drachen und Raute*

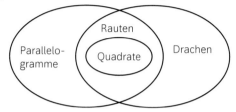

74 Projekt
Forschungsauftrag 1
Es handelt sich um ein Parallelogramm. Die Seiten bleiben beim Ziehen an den Punkten immer parallel zueinander. Beim Bewegen des Punktes B bleibt M fest und D bewegt sich entsprechend B. Beim Bewegen von Punkt A oder C bleibt jeweils der andere und Punkt B fest. Die Punkte M und D bewegen sich so mit, dass das 4-Eck ein Parallelogramm bleibt.
Forschungsauftrag 2
- Anleitung
  (1) Konstruiere einen beliebigen Kreis mit Mittelpunkt M durch A.
  (2) Wähle einen weiteren Punkt B auf dem Kreis.
  (3) Konstruiere jeweils eine Gerade durch A und M bzw. B und M.
  (4) Wähle Punkte C und D als Schnittpunkte der Geraden mit dem Kreis.
  (5) Zeichne das Viereck ABCD.
- Die Winkel des Vierecks bleiben beim Ziehen an A oder B rechte Winkel; die Längen der Seiten verändern sich.
- Es wurde ein Rechteck konstruiert.

Forschungsauftrag 3
Raute
Forschungsauftrag 4
- Anleitung
  (1) Konstruiere einen Kreis mit Mittelpunkt M durch einen Punkt.
  (2) Konstruiere eine Gerade durch die Punkte M und A.
  (3) Wähle den Schnittpunkt B von Kreis und Gerade als weiteren Punkt.
  (4) Konstruiere das Lot auf dieser Geraden durch M; Schnittpunkte mit dem Kreis: C und D.
  (5) Verbinde die vier Punkte ABCD auf dem Kreis durch einen Streckenzug.
    Hierbei entsteht ein Quadrat.

Forschungsauftrag 5
Drachen
Forschungsauftrag 6
symmetrisches Trapez
Präsentation: Schüleraktivität.

2.3 Entdecken und Begründen mathematischer Sätze

76 **1** *Wo ist der Sehwinkel am größten?*
a) (1) Derjenige hat den größten Sehwinkel, der auf der Mittelsenkrechten von $\overline{AB}$ steht, also von A und von B gleich weit entfernt ist.
(2) Alle Winkel sind gleich groß (90°).
b) (1) Je weiter P von der Mittelsenkrechten auf $\overline{AB}$ entfernt ist, umso kleiner wird der Sehwinkel.
(2) Jeder Winkel ist 90° groß.

77 **2** *Sparsame Ästhetik*
a) Die Perle liegt nicht mehr im Mittelpunkt des Umkreises des Dreiecks, somit sind die Stützen nicht mehr gleich lang.
b) Da es sich um ein gleichseitiges Dreieck handelt, ändert sich der Materialaufwand nicht. Die Summe der Stützlängen ist gleich, egal wo die Perle liegt.

3 *Mittenlinien im Dreieck – eine kleine Übung zum Beweisen*
a) $\overline{AB} = 2 \cdot \overline{M_1M_2}$
b) Die „zündende Idee" besteht in der Anwendung der Kongruenzsätze, also darin, kongruente Dreiecke zu finden.
Beweisschritt (1): Wechselwinkel an Parallelen
Beweisschritt (2): nach Voraussetzung V1
Beweisschritt (3): nach SWS und Voraussetzungen V2 und V3

79 **4** *Beweisschritte des Satzes von Thales*
a) Beweisschritte ② ④ ⑥
b) Beweisschritte ③ ⑤ ⑥
zu ③/⑤: Voraussetzung: Dreieck AMC (bzw. MBC) ist ein gleichschenkliges Dreieck mit der Basis $\overline{AC}$ (bzw. $\overline{BC}$). Behauptung: Die Basiswinkel sind gleich groß.
Zu ⑥: Voraussetzung: α; β und γ sind Innenwinkel des Dreiecks ABC.
Behauptung: α + β + γ = 180°
c) Beweisschritte ⑦ – ⑩

5 *Umkehrung des Satzes von Thales*
a) Die Überprüfung an vielen Beispielen ist kein Beweis, weil sie nicht allgemeingültig ist.
b) Um zu beweisen, dass C auf dem Kreis mit dem Durchmesser $\overline{AB}$ liegt, muss man zeigen: $\overline{MA} = \overline{MC}$ bzw. $\overline{MB} = \overline{MC}$, also dass die beiden Teildreiecke gleichschenklig sind. Zwar gilt: α + β = γ₁ + γ₂ = 90°, aber daraus lässt sich nicht schließen: α = γ₁, β = γ₂.

81 **6** *Winkelsätze*
a) Voraussetzung: ABC ist ein Dreieck
Behauptung: Die Winkelsumme ist 180°
„Zündende Idee":
- Parallele zu AB durch C zeichnen
- Wechselwinkel zu α und β einzeichnen

Beweisschritt	Begründung
(1) α' = α	Wechselwinkelsatz
(2) β' = β	Wechselwinkelsatz
(3) α' + γ + β' = 180°	gestreckter Winkel
(4) α + γ + β = 180°	wegen (1), (2) und (3)

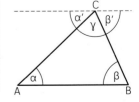

2 Vierecke und Vielecke – Konstruieren, Definieren und Begründen

81 [6] b) Voraussetzung: ABC ist ein gleichschenkliges Dreieck mit der Basis $\overline{AB}$.
Behauptung: Die Winkel bei A und B sind gleich.
„Zündende Idee": Höhe h_c einzeichnen

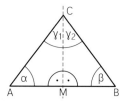

Beweisschritt	Begründung
(1) $\overline{AC} = \overline{BC}$	gleiche Schenkel
(2) $\overline{AM} = \overline{BM}$	MC ist Symmetrieachse
(3) AMC ist kongruent zu BMC	Die beiden Dreiecke stimmen in den 3 Seitenlängen überein.
(4) $\gamma_1 = \gamma_2$	$\overline{AC}$ und $\overline{BC}$ sind symmetrisch zu MC
(5) $\alpha = \beta$	Übereinstimmung der Winkel in kongruenten Dreiecken

[7] *Beweise zum Parallelogramm*
a) Dreieck AED ist kongruent zum Dreieck BCF. Es gibt mehrere Möglichkeiten des Beweises, z. B.:
Beweis:

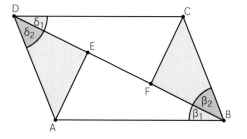

Beweisschritt	Begründung
(1) Winkel an E = Winkel an F = 90°	Konstruktion
(2) $\beta_2 = \delta_2$	Wechselwinkelsatz
(3) $\overline{AD} = \overline{BC}$	Eigenschaft des Parallelogramms
(4) $\overline{AD} \parallel \overline{BC}$	Eigenschaft des Parallelogramms
(5) Dreieck AED ist kongruent zu Dreieck BCF	Kongruenzsatz SSW

b) In jedem Parallelogramm halbieren sich die Diagonalen. Es gibt mehrere Möglichkeiten des Beweises, z. B.:
Beweis:

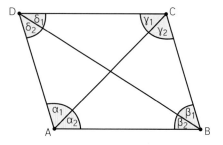

Beweisschritt	Begründung
(1) $\beta_2 = \delta_2$	Wechselwinkelsatz
(2) $\alpha_2 = \gamma_1$	Wechselwinkelsatz
(3) $\overline{AD} = \overline{BC}$	Eigenschaft des Parallelogramms
(4) Dreieck BCS ist kongruent zu Dreieck ASD	Kongruenzsatz WSW
(5) $\overline{BS} = \overline{DS}$ bzw. $\overline{AS} = \overline{CS}$	einander entsprechende Seiten in kongruenten Dreiecken

[8] *Winkeldetektiv 1 – mit Lösungshilfen*
a) $\gamma = 66°$ b) $\alpha = 30°$, $\beta = 60°$ c) $\gamma = 44°$

81 **9** *Winkeldetektiv 2 – ohne Lösungshilfen*
a) α = 68°   b) α = 25°, β = 75°, γ = 50°   c) α = 125°

82 **10** *Mittendreieck*
a) Wenn man diese Aussage bewiesen hat, kann man mithilfe des Satzes über die Mittenlängen von den Seitenlängen des Dreiecks ABC auf die Seitenlängen des neuen Dreiecks schließen.
b) Die drei neu entstehenden Teildreiecke haben mit dem ursprünglichen Dreieck ABC jeweils eine Seite gemeinsam. Weiterhin sind einander entsprechende Winkel gleich groß (Wechselwinkel an Parallelen), da die Konstruktion des neuen Dreiecks über Parallelen durchgeführt wurde. Nach WSW folgt die Kongruenz der Teildreiecke zum ursprünglichen Dreieck ABC, also stimmen die Dreiecke auch in ihren Seitenlängen überein. Daraus ergibt sich, dass A, B und C jeweils Seitenmitten des neuen Dreiecks sein müssen.

11 *Mittenvierecke – Vierecke in Vierecken*

a)

Viereck ABCD	Mittenviereck
Quadrat	Quadrat
Rechteck	Raute
Raute	Rechteck
Parallelogramm	Parallelogramm
gleichschenkliges Trapez	Raute
beliebiges Trapez	Parallelogramm
Drachenviereck	Rechteck
beliebiges Viereck	Parallelogramm

b) (1) $\overline{EF}$ und $\overline{HG}$ sind parallel und gleich lang.

Dreieck ABC:
E ist Mittelpunkt von $\overline{AB}$
F ist Mittelpunkt von $\overline{BC}$
$\Rightarrow \overline{EF} = \frac{1}{2}\overline{AC}$
$\overline{EF} \parallel \overline{AC}$

Dreieck ACD:
H ist Mittelpunkt von $\overline{AD}$
G ist Mittelpunkt von $\overline{DC}$
$\Rightarrow \overline{HG} = \frac{1}{2}\overline{AC}$
$\overline{HC} \parallel \overline{AC}$

Wenn $\overline{EF} = \frac{1}{2}\overline{AC} = \overline{HG}$, so folgt $\overline{EF} = \overline{HG}$.
Wenn $\overline{EF} \parallel \overline{AC} \parallel \overline{HG}$, so folgt $\overline{EF} \parallel \overline{HG}$.

(2) $\overline{EH}$ und $\overline{FG}$ sind parallel und gleich lang.
Beweis analog zu (1), nur dass man als Hilfslinie die Diagonale $\overline{BD}$ benutzt und damit den Beweis über die Dreiecke ABD und BCD führt.

83 **12** *Forschungsaufgabe Umfangswinkel*
a) Der Winkel γ ist überall gleich groß, egal wo man C platziert.
b) Wenn man ein Dreieck aus einer beliebigen Sehne eines Kreises mit einem Punkt C auf dem Kreis konstruiert, so ist der Winkel an C für jedes beliebige C immer gleich groß.

83 (13) *Umfangswinkelsatz*
  a) Ja, die Vermutung aus Übung 12 wird bestätigt.
  b) Beweis des Umfangswinkelsatzes:
  (2) Zu zeigen: $\gamma = \gamma_1 + \gamma_2$ verändert sich bei der Änderung der Lage von C nicht.
  (1) $\alpha = \gamma_1$ und $\beta = \gamma_2$, weil die Dreiecke AMC und BCM jeweils gleichschenklige Dreiecke sind.
  (4) $\delta_1 = 180° - 2 \cdot \gamma_1$
  $\delta_2 = 180° - 2 \cdot \gamma_2$, folgt aus (1).
  $\delta_1 + \delta_2 = 360° - 2(\gamma_1 + \gamma_2)$, also $\gamma_1 + \gamma_2 = 180° - \frac{\delta_1 + \delta_2}{2}$.
  (3) Lässt man C auf dem Kreis wandern, so ändert sich die Summe $\delta_1 + \delta_2$ nicht, also auch $\gamma = \gamma_1 + \gamma_2$ nicht.

Kopfübungen

1. $3000 - 2400 = 600$; $\frac{600}{3000} = \frac{1}{5}$; $\Rightarrow = 20\%$
2. Falsch, da sie unterschiedliche Seitenlängen haben können.
3. a) 14; b) 24
4. Die Fläche des Dreiecks beträgt $12,5\,m^2$, da es die Hälfte der Fläche des Quadrates $5\,m \cdot 5\,m$ einnimmt. Das Giebelfenster misst $1\,m \cdot 2\,m = 2\,m^2$. $\frac{2}{12,5} = 0,16 = 16\%$.
5. Im linken oberen oder rechten unteren Quadranten.
6. $1500 : 20 = 75$ Gewinnlose, $75 : 25 = 3$ also 3 Personen.
7. (Betrag in Dollar) : $1,35$ = (Betrag in Euro)

84 (14) *Forschungsaufgabe*
  a) ABD ist ein gleichseitiges Dreieck, P ein Punkt im Inneren. Vermutung: Die Summe der Abstände von P zu den Seiten bleibt konstant.
  b) Schüleraktivität.
  c) Die Vermutung gilt nicht für andere Dreiecke.

(15) *Satz von Viviani*
„Ist P ein beliebiger Punkt im Inneren eines gleichseitigen Dreiecks, so ist die Summe der Abstände dieses Punktes von den Seiten konstant."
Beweis: Mit den Bezeichnungen der Abbildung gilt für den Flächeninhalt des Dreiecks ABC:
$F = \frac{1}{2}ah_1 + \frac{1}{2}ah_2 + \frac{1}{2}ah_3 = \frac{a}{2}(h_1 + h_2 + h_3)$
Auflösen nach $h_1 + h_2 + h_3$ liefert
$h_1 + h_2 + h_3 = \frac{2 \cdot F}{a}$
Damit ist die Summe $h_1 + h_2 + h_3$ unabhängig von der Lage von P konstant.

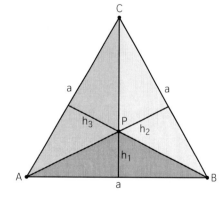

84 Projekt

Die Fragestellungen regen zum Experimentieren mit einem DGS an. Je nach Zielsetzung der Stunde können den Schülerinnen und Schülern fertige Arbeitsblätter zu Verfügung gestellt werden (Fokus auf die mathematischen Eigenschaften der Vielecke), aber auch die Frage, wie sich die Abstandssummen mit dem DGS überhaupt ermitteln lassen, kann gestellt werden (Fokus auf Problemlösen und Umgang mit dem DGS).

Offensichtlich gilt die „Viviani Eigenschaft" auch bei Rechtecken (und somit auch bei Quadraten), sowie bei Parallelogrammen (und somit auch bei Rauten), wie die folgenden Abbildungen zeigen. Dabei kann mit den Schülerinnen und Schüler ggf. geklärt werden, dass der Abstand zwischen dem Punkt und der Seite stets bzgl. des Lotes auf diese Seite zu sehen ist, da ansonsten die Verbindungsstrecke zu einem Eckpunkt des Parallelogramms in gewissen Konstellationen kürzer sein kann (s. Abb. rechts).

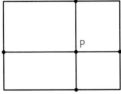
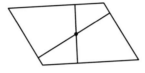
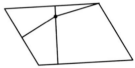

Dieselben Argumentationen lassen sich auch auf ein regelmäßiges Sechseck sowie ein Sechseck mit paarweise parallelen Gegenseiten übertragen. (Der Satz von Viviani lässt sich auf gleichseitige und gleichwinklige und somit insbesondere auf beliebige regelmäßige n-Ecke verallgemeinern.) Beim rechtwinkligen Dreieck und gleichschenkligen Trapez reichen im Prinzip die Wahl der Eckpunkte als Gegenbeispiele für die „Viviani Eigenschaft" aus. Trotzdem empfiehlt sich auch hier eine Betrachtung mit einem DGS.

85

16 *Karten einfärben*
a) Das innere Quadrat grenzt an die drei Trapeze, damit reichen drei Farben nicht aus.
b)
c) Hier reichen sogar drei Farben aus.

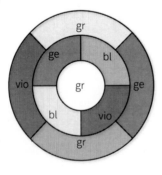
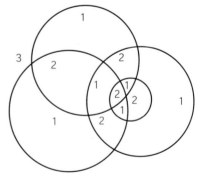

17 *Landkarten*
a) Drei Farben reichen nicht aus.
b) Schüleraktivität.

18 *Färben dreidimensionaler Karten – für Tüftler*
Nein, vier Farben reichen beim Möbiusband nicht aus. Hinweis: Für das Möbiusband gilt ein Sechsfarbensatz.

Kapitel 3
Lineare Funktionen

Didaktische Hinweise

Eine der Leitlinien des Mathematikunterrichtes sind Zuordnungen und ihre Eigenschaften. In diesem Kapitel werden die Erfahrungen mit Zuordnungen aus der Klasse 7 aufgegriffen und mittels der linearen Funktionen konsequent ausgebaut. An vielen Stellen ist der Einsatz von Grafischen Taschenrechnern (GTR) oder Dynamischer Geometriesoftware (DGS) zum schnellen Zeichnen von Graphen, zum Variieren von Parametern, zum Experimentieren und zum Erleben von dynamischem Geschehen angeregt. Dieser ist sinnvoll, aber nicht unverzichtbar, da in so gut wie allen Fällen der „händige" Umgang mit Funktionen (eigenhändiges Erstellen von Tabellen und Diagrammen) als wichtiger Bestandteil des Verstehens und Erlebens unverzichtbar ist.

Dieses Kapitel folgt einem bestimmten Aufbau:
- Zunächst erlebt man lineare Funktionen in verschiedenen Zusammenhängen und erfährt dabei deren Bedeutung. Erkenntnisse werden noch nicht systematisiert. Das Zusammenspiel von Funktionsgleichung, Graph und Tabelle vernetzt die unterschiedlichen „Gesichter" einer Funktion und spricht dabei auch verschiedene Lerntypen an. Gewonnene Erkenntnisse werden auf verschie¬denen Repräsentationsebenen „gespeichert".
- Im folgenden Lernabschnitt werden die gewonnenen Erkenntnisse systematisiert und vertieft (Entdeckungen am Graphen...). Wichtig ist dabei nach wie vor das Zusammenspiel von Funktionsgleichung, Tabelle und Graph.
- In den nun folgenden Lernabschnitten wird das erworbene Wissen in neuen Sach-zusammenhängen angewendet (Bestimmung von linearen Funktionen aus Daten), und erste Modellierungsaufgaben werden gelöst. Hierbei wird deutlich zwischen dem Basisstoff in 3.3 und den Zusatzinhalten „Geraden in Parameterform" in 3.4 getrennt.

Diese Anreicherungen durch „lineare Regression" und „Parameterdarstellung von Funktionen" tragen der von vielen Didaktikern empfohlenen Modernisierung der Lerninhalte Rechnung.

Das beschriebene Vorgehen in vier Schritten „Erleben", „Systematisieren", „Funktionsgleichung bestimmen", „Anwenden und Modellieren" wird auch bei der Behandlung anderer Funktionstypen in den folgenden Klassenstufen das Vorgehen der Wahl sein.

In Lernabschnitt **3.1** wird der Zugang zu den linearen Funktionen über Zuordnungen erschlossen. An verschiedenen Problemen erleben die Schülerinnen und Schüler, dass lineare Zusammenhänge durch einen speziellen Typ der (linearen) Funktionsgleichung wie durch Geraden im Koordinatensystem beschrieben werden können. Ein besonders wichtiges Anliegen ist es, dass sowohl Tabelle, als auch der Graph und die zugehörige Funktionsvorschrift stets im Zusammenspiel (und nicht nur in der Abfolge Term → Tabelle → Graph) gesehen werden. In den Aufgaben wird breiter Raum gegeben für das Gewinnen von Erfahrungen mit linearen Funktionen, ohne bereits auf eine Systematisierung abzuheben. Gegenbeispiele grenzen lineare Funktionen gegen nichtlineare Funktionen ab.

Die Funktion als eindeutige Zuordnung wird eher beiläufig und „undramatisch" eingeführt und von da an zunächst als Fachterminus „verwendet", bevor es in späteren Jahren zu einer Begriffspräzisierung kommt.

Entdeckungen am Graphen der linearen Funktion werden im Lernabschnitt **3.2** systematisiert. Auch hier werden die verschiedenen Darstellungsformen (Tabelle, Zuordnungsvorschrift, Graph) herangezogen, um Eigenschaften von linearen Funktionen auf verschiedenen Repräsentationsebenen erlebbar zu machen und so die verschiedenen Lerntypen unter den Schülerinnen und Schüler anzusprechen. Besonders eingegangen wird auf die Steigung als Änderungsrate der Funktion (Basiswissen S. 104). Die Steigung wird sowohl im Diagramm als auch in der Tabelle und an der Funktionsvorschrift konkretisiert. Zudem sollte man sich nicht die Chance entgehen lassen, auf die verschiedenen Arten, die Steigung einer Geraden anzugeben, einzugehen (Prozent, Steigungswinkel, Steigung). Die besondere Betonung der Rolle der Steigung für das Verhalten einer Funktion entspricht neueren Intentionen der Mathematikdidaktik, die „Wachstum und Änderung" in das Zentrum der Betrachtung von funktionalen Zusammenhängen rückt. So kann der dynamische Aspekt von Funktionen, der in vielen Anwendungen eine überragende Rolle spielt, betont und nutzbar gemacht werden. Weiterhin behandelt der Lernabschnitt, wie man aus zwei Punkten die Funktionsgleichung der Geraden durch diese beiden Punkte errechnen kann.

Sehr häufig wird in verschiedenen Anwendungsgebieten aus Daten auf die zugrunde liegende Funktionsgleichung geschlossen. In Lernabschnitt **3.3** wird zunächst erarbeitet, wie man mit einer so gewonnenen Funktionsgleichung in Anwendungssituationen Vorhersagen machen kann, welchen Wert eine der Variablen in Abhängigkeit von der anderen annimmt. Vorhersagen mit einer linearen Funktionsgleichung sind jedoch nur zulässig, wenn sich der zugrunde liegende Prozess mit einer linearen Funktion modellieren lässt.

In vielen Anwendungsgebieten erleben die Schülerinnen und Schüler, dass man gerade funktionale Zusammenhänge mit einer Messreihe untersucht. Häufig streuen die Messwerte, lassen aber vermuten, dass in bestimmten Situationen ein linearer Zusammenhang besteht. Mit einer Ausgleichsgeraden kann man den Zusammenhang modellieren. Diese wird allerdings in dieser Klassenstufe lediglich nach „Augenmaß" in das entsprechende Streudiagramm eingezeichnet. Die Regressionsrechnung wird so angebahnt und im Sinne eines spiraligen Aufbaus in den nächsten Klassenstufen ausgebaut und weiter präzisiert. Wegen der Bedeutung der Regression für viele Anwendungen sollte die Chance genutzt werden, erste systematische Erfahrungen im Umgang mit Streudiagrammen zu gewinnen. Projekte in und für die Klasse werden angesprochen. Der Computer oder auch der GTR können ein wichtiges Hilfsmittel sein.

Weiterhin werden in diesem Lernabschnitt Lineare Funktionen in vielen Situationen zum Modellieren und Problemlösen herangezogen. Die angesprochenen Probleme sind wirklichkeitsnah. Problemlösestrategien werden weiter systematisch ausgebaut, reflektiert, und sollen beim Lösen der Aufgaben Strukturierungshilfen geben. Einen hohen Stellenwert sollte dabei die kritische Überprüfung des verwendeten linearen Modells haben. Die Texte zu den Aufgaben dieses Lernabschnittes sind häufig recht umfangreich. Dies ist beabsichtigt, um hier im besonderen Maße das Textverständnis zu fördern.

Im Lernabschnitt **3.4** werden *Geraden in Parameterform* angesprochen. Dieser Lernabschnitt stellt eine wertvolle Anreicherung des üblichen Lernstoffkanons dar. Mit Parameterdarstellungen kann man u. a. auf elementare Weise Bewegungen in der Ebene und später auch im Raum darstellen. Für lineare Bewegungen sind die zugehörigen Gleichungen elementar. Geraden in Parameterform eignen sich in besonderem Maße zur Behandlung von fächerübergreifenden Fragestellungen. Die Parameterdarstellung von Funktionen wird auch in den folgenden Klassenstufen systematisch ausgebaut und so in ein wichtiges, zukunftsweisendes Gebiet der Mathematik eingeführt.

Der Lernstoff dieses Abschnittes erschließt sich besonders eindrucksvoll bei der Verwendung eines grafischen Taschenrechners. Das dynamische Geschehen kann auf dem Rechner leicht simuliert werden. Aber auch mit Tabellen und Diagrammen lassen sich viele interessante Probleme lösen, und Mathematik wird als wichtiges Hilfsmittel bei der Beschreibung von Realität erlebt.

3 Lineare Funktionen

Lösungen

3.1 Einführung in lineare Funktionen

1 *Zuordnungen – das kannst du noch*

a) A: $y = \frac{12}{x}$; B: $y = 0{,}5x + 2$; C: $y = x^2$; D: $y = 1{,}5x$

Begründung z.B. über Einsetzen ausgewählter Werte für x.
Unterschiede: Es gibt Geraden (B,D) und gekrümmte Kurven (A,C).
D verläuft durch Ursprung, B nicht. C hat tiefsten Punkt, A wohl nicht. Annäherung an Koordinatenachsen bei A, bei C Entfernen von Koordinatenachsen.

b) A

x	1	2	3	4	5	6	7	8	9	10
y	12	6	4	3	$\frac{12}{5}$	2	$\frac{12}{7}$	$\frac{3}{2}$	$\frac{4}{3}$	$\frac{6}{5}$

B

x	1	2	3	4	5	6	7	8	9	10
y	2,5	3	3,5	4	4,5	5	5,5	6	6,5	7

C

x	1	2	3	4	5	6	7	8	9	10
y	1	4	9	16	25	36	49	64	81	100

D

x	1	2	3	4	5	6	7	8	9	10
y	1,5	3	4,5	6	7,5	9	10,5	12	13,5	15

c) Nein, es ist keine Proportionalität, weil der Graph keine Ursprungsgerade ist. Eine Verdopplung der x-Werte führt nicht zu einer Verdopplung der y-Werte (vgl. b)). Die Zuordnung I ist eine Antiproportionalität für x>0, der Graph A eine Hyperbel und das Produkt aus x-Werten und y-Werten ist konstant 12. Verdoppelt man x, halbiert sich y (vgl. b)).

2 *Laufgraphen*

a) Schüleraktivität.

b) (1) $y = -1{,}33x + 4$;   (2) $y = 0{,}5x$

(1)
x (Zeit)	1	2	3	4	5
y (Abstand)	2,66	1,33	0	−1,33	−2,66

(2)
x (Zeit)	1	2	3	4	5
y (Abstand)	0,5	1	1,5	2	2,5

Entweder der Abstand vom Stuhl wächst bei gleicher Zeit oder für den gleichen Abstand wird weniger Zeit benötigt.

c) Laufgraph ist Parallele zur x-Achse im Abstand 5. Zuordnungsvorschrift: $y = 5$

3 *Taxifahren*

a) $y = 1{,}75x + 3$

km	5	8	10	20	30	40
Preis	11,75	17	20,50	38	55,50	73

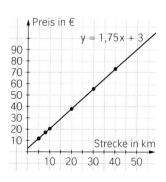

93 ⟨3⟩ b) (1) y = 1,75x + 4;   (2) y = 1,85x + 3

(1)
km	5	8	10	20	30	40
Preis	12,75	18	21,50	39	56,50	74

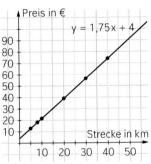

(2)
km	5	8	10	20	30	40
Preis	12,25	17,8	21,50	40	58,50	77

Ab einer Strecke von mehr als 10 km macht das Unternehmen mit einem höheren Kilometerpreis Gewinn, unterhalb von 10 km macht sich die höhere Grundgebühr mehr bezahlt.

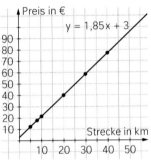

⟨4⟩ Rechtecke

a)
	(1)		(2)	
x	Umfang	Fläche	Umfang	Fläche
0	16	15	16	15
1	18	18	18	20
2	20	21	20	25
3	22	24	22	30
4	24	27	24	35
5	26	30	26	40
6	28	33	28	45

Der Umfang wird jeweils immer um die Strecke 2·x größer, die Fläche hingegen um 3·x bzw. 5·x.

(1) U(x) = 2·(5 + x) + 2·3; A(x) = 3·(5 + x)

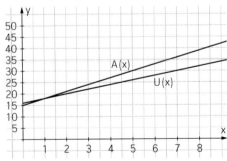

93 ⟨4⟩ (2) $U(x) = 2 \cdot (3 + x) + 2 \cdot 5$; $A(x) = 5 \cdot (3 + x)$

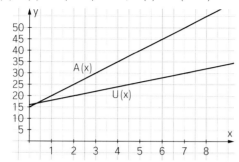

b) $U(x) = 2 \cdot (5 + x) + 2 \cdot (3 + x)$; $A(x) = (3 + x) \cdot (5 + x)$

x	Umfang	Fläche
0	16	15
1	20	24
2	24	35
3	28	48
4	32	63
5	36	80
6	40	99
7	44	120

Bei Aufgabe b) ist die Zunahme des Umfangs doppelt so groß wie in Aufgabe a), $(2 \cdot 2x)$. Die Fläche wächst nicht konstant wie in a). Sie wächst um $5x + 3x + x^2$, also um $8x + x^2$.

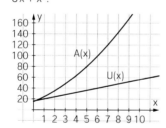

⟨5⟩ *Zuordnungen beweglich machen*
a) $y = 0{,}5 \cdot x + 1$
- $1 = 0{,}5 \cdot 0 + 1$ ⇒ stimmt
- $2 = 0{,}5 \cdot 2 + 1$ ⇒ stimmt
- $-1 = 0{,}5 \cdot (-4) + 1$ ⇒ stimmt
- $5 = 0{,}5 \cdot (6) + 1$ ⇒ stimmt nicht

b) Werden die x-Werte größer, so werden auch die y-Werte größer. Werden die x-Werte kleiner, so werden auch die y-Werte kleiner. Verändern sich die x-Werte um denselben Wert, ändern sich auch die y-Werte um denselben Wert.

c) (1), (2) Es werden dieselben Beobachtungen gemacht wie in b), es entstehen Geraden.
(3) Die y-Werte werden für kleiner werdende negative x-Werte und größer werdende positive x-Werte immer größer, sie wachsen nicht um denselben Wert. Es entsteht eine Kurve.
(4) Gehört zu Antiproportionalität, Produkt der x- und y-Koordinaten ist immer 4.

95 Vom Term zur Tabelle zum Graph

a)

x	y
−5	−9
−4	−3
−3	3
−2	9
−1	15
0	21
1	27
2	33
3	39

b)

x	y
−1	15
0	13
1	11
2	9
3	7
4	5
5	3
6	1
7	−1

c)

x	y
−2	−1
−1,5	−1,33
−1	−2
−0,5	−4
0	–
0,5	4
1	2
1,5	1,33
2	1

d)

x	y
−2	−22
−1	−18,5
0	−15
1	−11,5
2	−8
3	−4,5
4	−1
5	2,5
6	6

e)

x	y
−4	−7
−3	0
−2	5
−1	8
0	9
1	8
2	5
3	0
4	−7

Bei a), b) und d) genügen zwei Wertepaare, da es sich um lineare Funktionen handelt. Deren Graphen sind Geraden, die durch zwei Punkte eindeutig festgelegt sind.

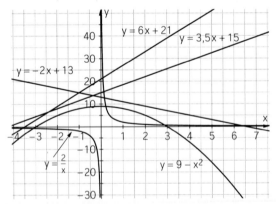

$y = 6x + 21$; $y = 3,5x + 15$; $y = -2x + 13$; $y = \frac{2}{x}$; $y = 9 - x^2$

95 ⌈7⌉ Muster in Tabellen

a)
x	y
0	5
1	7
2	9
3	11
4	13
5	15
6	17

b)
x	y
0	−6
1	−4
2	−2
3	0
4	2
5	4
6	6

c)
x	y
0	0
1	110
2	220
3	330
4	440
5	550
6	660

d)
x	y
0	40
1	150
2	260
3	370
4	480
5	590
6	700

e)
x	y
0	8
1	7,5
2	7
3	6,5
4	6
5	5,5
6	5

f)
x	y
0	0
1	−3
2	−6
3	−9
4	−12
5	−15
6	−18

96 ⌈8⌉ Von der Tabelle zum Term
a) (1) $y = 5x$ (2) $y = 5x + 3$ (3) $y = -10x + 80$ (4) $y = x + 5$
b)
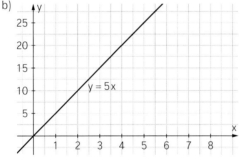
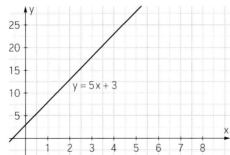

96 **8** b)

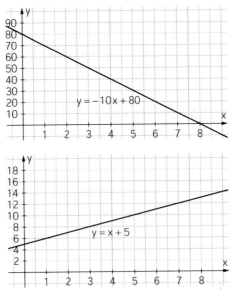

9 *Terme und Graphen*
A: links, rot
B: rechts, blau
C: links, blau
D: rechts, rot
E: rechts, violett
F: links, violett
G: links, grün
H: rechts, grün

10 *Pulsfrequenzen*
a) Durch Fortsetzen der Tabelle nach links erhält man den Punkt (0 |−220), also
y = −x + 220
b) −9 + 220 = 211
−72 + 220 = 148
100 = −x + 220
x = 120, 100 wäre ein Maximalpuls für 120-jährige. Da es aber nur ganz wenige 120-Jährige gibt, kann man sagen, dass eigentlich alle Menschen einen Maximalpuls von 100 überschreiten dürfen.

11 *Fußballstadion*
a) Zuschauer nach 5 Minuten: 40 000 − 5 · (5 · 300) = 32 500
Zeit, nach der nur noch 20 % der Zuschauer, also 8 000 Personen im Stadion sind:
8 000 = −1 500 x + 40 000
x = 21,333 Minuten
b) y = −1 500 x + 40 000, wobei y die Zahl der im Stadion befindlichen Zuschauer darstellt und x die Zeit in Minuten.

97 **12** *Weitere Kerzen*
- f(x) = 20 − 0,2 x
  (1) f(7) = 20 − 0,2 · 7 = 18,6
  (3) −0,2 x + 20 = 0 ⇒ x = 100
  (2) −0,2 x + 20 = 7 ⇒ x = 65
  (4) f(0) = 20
- g(x) = 20 − 0,5 x
  (1) g(7) = 20 − 0,5 · 7 = 16,5
  (3) −0,5 x + 20 = 0 ⇒ x = 40
  (2) −0,5 x + 20 = 7 ⇒ x = 26
  (4) g(0) = 20

97 (13) *Beladung von Lastwagen*

a) y = 1,5x + 9

x	3	6	9	12	15	18
y	13,5	18	22,5	27	31,5	36

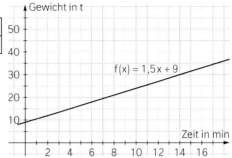

b) Gewicht nach 1 min: y = 1,5 t + 9 t = 10,5 t
36 = 1,5 x + 9 ⇒ x = 18
Nach 18 Minuten hat der Lkw sein zulässiges Gesamtgewicht erreicht.
Die maximale Beladung liegt bei 27 t.
27 t · 0,9 = 24,3 t, also fehlen noch 2,7 t bis zur vollen Beladung.
2,7 = 1,5 x ⇒ x = 1,8. Es dauert dann noch 1 min und 48 s bis der Lkw vollständig beladen ist.

98 (14) *Schneefall*

a) y = 1,5x + 10, wobei x die Zeit in Stunden und y die Höhe der Schneedecke bezeichnen.

x	0	1	2	3	4	5	6	7
y	10	11,5	13	14,5	16	17,5	19	20,5

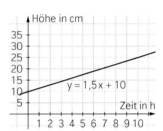

b) y = 1,5 · 48 + 10 = 82
25 = 1,5x + 10 ⇒ x = 10
Nach zwei Tagen liegen 82 cm Schnee. Eine Schneedecke von 25 cm ist nach 10 Stunden erreicht.

(15) *Variationen über Trapeze*

a) (1) F = 0,5 · (a + c) · h; F = 0,5 · (6 + 4) · h = 5h
   (2) F = 0,5 · (a + c) · h; F = 0,5 · (6 + c) · 2 = 6 + c
   (3) F = 0,5 · (a + c) · h; F = 0,5 · (a + 2) · 4 = 2a + 4

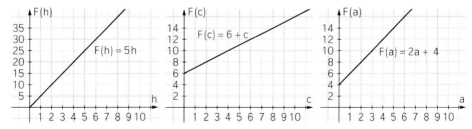

b) ■ F = 5h, für h = 3 gilt 5 · 3 = 15.
   ■ 6,5 = 6 + c; c = 0,5
   ■ F = 2a + 4; 6 = 2a + 4 hat die Lösung a = 1 und 16 = 2a + 4 hat die Lösung a = 6; a nimmt somit Werte von 1 bis 6 an.
   ■ F = 2a + 4; 3 = 2a + 4 ⇒ a = −0,5. Somit existiert ein solches Trapez nicht.

98 (16) *Füllkurven*
  a) A(1); B(3); C(2). Bei A und C steigt die Füllhöhe gleichmäßig an, da C jedoch einen größeren Durchmesser aufweist, läuft das Gefäß langsamer voll. B läuft im unteren Teil schneller voll als im oberen Teil, da das Gefäß dort einen größeren Querschnitt aufweist.
  b) Die Graphen sind dann linear, wenn die Funktionen (stückweise) konstante Steigungen aufweisen, das heißt, wenn der Gefäßdurchmesser (stückweise) gleich bleibt. Um keinen linearen Füllgraphen zu erhalten, müssten die Gefäße in jeder Höhe einen anderen Durchmesser aufweisen, also eine gekrümmte Form haben.

Kopfübungen
1. 6,5 % oder 0,065
2. Die beiden kleineren 40°, die anderen beiden 140°.
3. 2
4. $1\,mm^3$; $1\,dm^3$, 1 ml
5. $(-3) \cdot (-3) \cdot (-3) \cdot (-3) = 81$
6. $10 + 2 \cdot 10 + 3 \cdot 10 = 60$; $60 : 3 = 20$, also rund 20 Pizzen pro Tag.
7. Nach 13 h sind $-25\,°C$ erreicht.

99 (17) *Seltsame Laufgraphen*
  Schüleraktivität.
  Bei b) und d) müssen zwei Personen laufen; c) ist nicht möglich.

(18) *Seltsame Geraden*
  a) rote Gerade:

x	-2	-1	0	1	2
y	3	3	3	3	3

  blaue Gerade:

x	2	2	2	2	2
y	-2	-1	0	1	2

  b) rot: $y = 3$ blau: $x = 2$
  Die Gleichung $x = 2$ beschreibt keine lineare Funktion, da es keine Zuordnungsvorschrift der Form $y = mx + b$ gibt.

3.2 Entdeckungen am Graphen der linearen Funktion

100

1 Mustererkennung in Tabellen
Wächst x um 1, so wächst y jeweils um einen bestimmten konstanten Wert.
Die Gleichungen und die fehlenden Werte der Tabellen:

y = 4x

4	5
16	20

y = 4x + 3

4	5
19	23

y = 2x – 4

4	5
4	6

y = 5x – 4

4	5
16	21

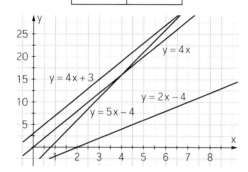

2 Umsatz und Verdienst

a)
x	y
3 000	2 150
5 000	2 250
10 000	2 500
20 000	3 000

b) Das stimmt nicht. Er ist nur mit 5 Cent an jedem Euro Umsatz beteiligt.

c) $y = \frac{5}{100}x + 2000 = \frac{1}{20}x + 2000$

3 Ursprungsgeraden und Verschiebungen

a) $y = \frac{8}{4} = 2x$
Probe: $2 \cdot 4 = 8 = y$

b) Q(6|3) $\quad y = \frac{3}{6}x = \frac{1}{2}x$

R(4|–8) $\quad y = -\frac{8}{4} = -2x$

m ist der Quotient aus y- und x-Koordinate.

c)
x	–1	0	1	2
y	1	3	5	7

- y = 2x + 3
- y = 0,5x – 2
- y = –2x + 1,5

3 Lineare Funktionen

101 [4] *Funktionenlabor 1*
a)

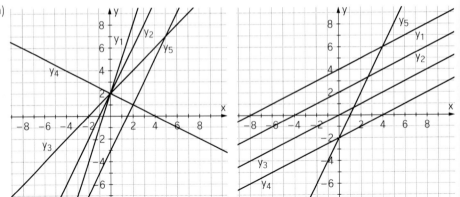

b) In der Funktionsgleichung y = mx + b bezeichnet m die Steigung der Geraden und b den Schnittpunkt mit der y-Achse.

[5] *Funktionenlabor 2*
Die Forschungsaufträge des Funktionenlabors 2 sind etwas konkreter gestellt als die der beiden anderen auf dieser Seite dargestellten Aufträge (A4 bzw. A6), da die Aufmerksamkeit der Schülerinnen und Schüler über den Forschungsauftrag (1) zunächst nur auf die Steigung m (bei fest gewähltem Achsenabschnitt b) und mit Forschungsauftrag (2) nur auf den Achsenabschnitt b (bei fest gewählter Steigung m) gelenkt wird.
Bei der Verwendung des Werkzeuges DGS sollte vorab geprüft werden, ob die hier angesprochenen Operationen tatsächlich als Standardbefehle vorhanden sind oder ggf. selbst konstruiert werden müssen. (Beispielsweise die automatische Anzeige des Steigungsdreiecks.) Ebenso werden Objekte, wie hier z. B. die Strecke m, an der die Steigung abgelesen wird, in der Regel nicht mit den hier verwendeten Variablennamen, sondern den „nächsten freien" Buchstaben bezeichnet.

[6] *Funktionenlabor 3*
m gibt die Steigung der Geraden an und legt fest wie steil, also wie viele y-Einheiten der Graph pro x-Einheit steigt oder fällt. Der y-Achsenschnittpunkt wird von b angegeben. Durch Veränderung von m wird die Steigung und somit die Richtung der Geraden, durch b die Position auf der y-Achse verändert.

103 [7] *Geraden zeichnen 1*
a) y = −3x + 7
b) y = x − 0,8
c) y = −0,5x − 1,75
d) y = 3,5x + 2,5
e) y = −2x

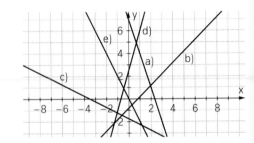

103

8 *Funktionsgleichungen finden*
a) positive Steigung: (5), (6), (7), (8)   negative Steigung: (1), (2), (3), (4)
b) (1) $m = -1$, $b = 5$, $y = -x - 5$
   (2) $m = -\frac{1}{2}$, $b = -2{,}5$, $y = -\frac{1}{2}x - 2{,}5$
   (3) $m = -1$, $b = 5$, $y = x + 5$
   (4) $m = -\frac{1}{2}$, $b = 2{,}5$, $y = -\frac{1}{2}x + 2{,}5$
   (5) $m = \frac{1}{2}$, $b = -2{,}5$, $y = \frac{1}{2}x - 2{,}5$
   (6) $m = 1$, $b = -5$, $y = x - 5$
   (7) $m = \frac{1}{2}$, $b = 2{,}5$, $y = \frac{1}{2}x + 2{,}5$
   (8) $m = 1$, $b = 5$, $y = x + 5$

9 *Geraden zeichnen 2*

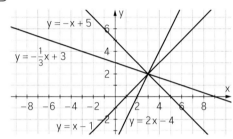

10 *Berg hoch – Berg runter*
Die Richtung der Bewegung muss eindeutig festgelegt sein. In den Abbildungen erkennt man: Würden die Skifahrer von rechts nach links fahren, so müsste der Junge aufwärts gezogen werden, während das Mädchen abwärts fahren könnte.

11 *Eine geschickte Methode*
Anna findet als einen Punkt der Geraden den Schnittpunkt mit der y-Achse: (0|2)
Von diesem Punkt geht sie so weit nach rechts, wie der Nenner von m angibt und dann soweit nach oben, wie der Zähler von m angibt; damit hat sie einen zweiten Punkt der Geraden gefunden: (3|3)

12 *Gleiche Steigung?*
$m = \frac{40}{100} = \frac{20}{50} = 0{,}4$

104 (13) *Sandtransport*

Zeit in min	0	1	2	5	10	15	20	25
Gewicht in t	18	18,5	19	20,5	23	25,5	28	30,5

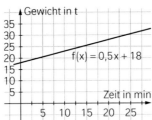

$y = 0{,}5x + 18$, wobei y das Gesamtgewicht in t und x die Zeit in min ist.
Die Beladung des Lkw verläuft linear. Die Änderung des Gesamtgewichts pro Zeiteinheit entspricht gerade der Steigung.

105 (14) *Steigungen bauen*
a) (1) 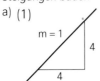 (2) (3)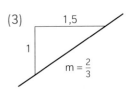

b); c) Schüleraktivität.

(15) *Steigungen aus Graphen*
a) violett: $m = 0$ b) violett: $m = 1$
blau: $m = \frac{2}{3}$ blau: $m = 1$
rot: $m = -\frac{1}{3}$ rot: $m = -\frac{2}{5}$

(16) *Steigungen mit zwei Punkten*
a) $m = 2$ b) $m = -\frac{1}{2}$ c) $m = 3$
d) $m = 0$ e) m ist nicht definiert f) $m = \frac{2}{7}$

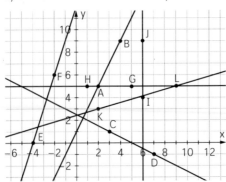

105 ⟨17⟩ *Einwohnerzahlen*

a)
Jahr	Bevölkerung
1984	9 800
1990	11 600
1991	12 000
1995	13 600
2000	15 600

b) In den 6 Jahren wuchs die Bevölkerung um 1 800, also 300 pro Jahr im Durchschnitt.

c) Der Graph ist keine Gerade, weil das Bevölkerungswachstum in den beiden Zeiträumen 1984 bis 1990 und 1900 bis 2000 unterschiedlich war.

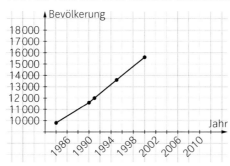

⟨18⟩ *Zwei Fahrradtouren*
- Amelie: 20 km/h; Louis: 15 km/h
- Wenn die Touren jeweils so lange dauerten, bis die beiden sich treffen, dauerten sie 3h (Amelie) bzw. 4h (Louis).
- Am Schnittpunkt der Geraden hat Amelie Louis eingeholt.
- Bei einer wirklichen Radtour ist es so gut wie unmöglich konstant die Geschwindigkeit zu halten. Insbesondere startet man nicht mit der Endgeschwindigkeit.

106 ⟨19⟩ *Steigungen im Straßenverkehr*

a) 15 %: 15 m Höhengewinn auf 100 m Strecke
8 % Gefälle auf 500 m: 8 m Höhenverlust auf 100 m Strecke, also auf den gesamten 500 m gibt es einen Höhenverlust von 40 m.
Die Steigung m von Straßen ist völlig identisch mit der von linearen Funktionen, da bei beiden ein Verhältnis zwischen der horizontalen Veränderung und der vertikalen Veränderung angegeben wird.

b) Eine 100 % Steigung kann es geben, wenn auf jeden waagerecht gegangenen Meter ein Höhenmeter kommt. Julia hat recht, da eine senkrechte Wand eine unendlich große Steigung hat, die nicht 100 % entspricht.

c)
Steigung (%)	5	10	20	30	45	100
Steigungswinkel (°)	3	6	13	21	36	88

Es liegt kein linearer Zusammenhang vor.

106 **20** *Ein Streckenprofil*

a) Von Grenoble nach Brié-et-Angonnes: $m_1 = \frac{0{,}131}{6{,}5} \approx 0{,}020$

Von Brié-et-Angonnes nach Uriage-les-Bains: $m_2 = \frac{0{,}09}{7} \approx 0{,}013$

Von Uriage-les-Bains nach Prémol: $m_3 = \frac{0{,}65}{8} \approx 0{,}081$

Von Prémol nach Roche Béranger: $m_4 = \frac{0{,}61}{9} \approx 0{,}068$

Von Roche Béranger nach Chamrousse: $m_5 = \frac{0{,}04}{1{,}5} \approx 0{,}027$

b)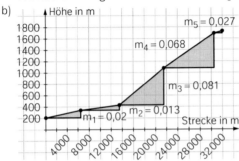

21 *Funktionsgleichung gesucht*

a) Schüleraktivität.

b) Kai bestimmt zunächst die Steigung aus den Punkten nach der Rechnung $\frac{y_2 - y_1}{x_2 - x_1}$, das ist der Quotient aus den Seitenlängen des Steigungsdreiecks zwischen P und Q. Anschließend setzt er einen der beiden Punkte in die Gleichung ein, um den y-Achsenschnittpunkt b zu ermitteln. Die Punkte sollen auf der Geraden liegen und erfüllen somit die Gleichung, in der b noch unbekannt ist. Wenn der Punkt eingesetzt wurde, kann man nach b auflösen.

c) $m = \frac{(-4 - 6)}{(3 - 1)} = -5$

$6 = -5 \cdot 1 + b \Rightarrow b = 11$

$y = -5x + 11$

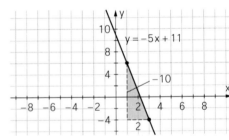

107 (22) *Training*
a) (1) $y = 5x - 5$ (2) $y = -2x - 9$ (3) $y = 0$ (4) $y = 4$
b) (1) A und B liegen auf der Geraden $y = 3x + 1$. Einsetzen der Koordinaten von C ergibt $26 = 3 \cdot 8 + 1 = 25$, woraus man schließen muss, dass C nicht auf dieser Geraden liegt. Oder man zeichnet die Punkte in ein Koordinatensystem.

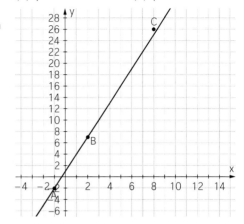

(2) D und E liegen auf der Geraden $y = -\left(\frac{2}{5}\right)x + 5{,}4$. Einsetzen von F liefert eine wahre Aussage, also liegt F auch auf der Geraden.

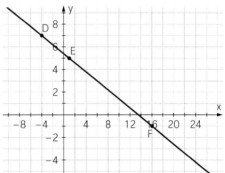

(23) *Geraden gesucht*
a) $y = 7x - 42$ b) $a = 10$

108 (24) *Zwei Kerzen*
$y = -0{,}5x + 20$; $y = -0{,}2x + 15$, y ist die Kerzenhöhe in cm, während x die Anzahl der Minuten ist.
Um den Zeitpunkt der Größengleichheit zu ermitteln, werden die Gleichungen gleichgesetzt:
$-0{,}5x + 20 = -0{,}2x + 15 \Rightarrow x = 16{,}66...$, also nach 16 Minuten und 40 Sekunden sind die Kerzen gleich groß. Einsetzen in eine der Gleichungen ergibt:
$y = -0{,}5 \cdot (16{,}67) + 20 = 11{,}665 \text{ cm}$

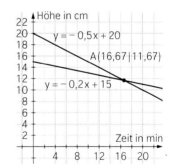

108

25 *Training*

Alle Gleichungen werden miteinander gleichgesetzt, um den gemeinsamen x-Wert zu ermitteln. Dieser wird in eine Gleichung eingesetzt, um die y-Koordinate zu ermitteln.

- $g_1(x) = g_2(x)$
  $2x - 3 = -x + 6 \Rightarrow x = 3$
  $y = 2 \cdot 3 - 3 = 3$, somit ergibt sich $(3|3)$.
- $g_1(x) = g_3(x)$
  $2x - 3 = 0{,}5x - 2 \Rightarrow x = \frac{2}{3}$
  $y = \left(2 \cdot \frac{2}{3}\right) - 3 = -\frac{5}{3}$,
  somit ergibt sich $\left(\frac{2}{3}\big|-\frac{5}{3}\right)$.
- $g_1(x) = g_4(x)$
  $2x - 3 = -2x + 1 \Rightarrow x = 1$
  $y = 2 \cdot 1 - 3 = -1$,
  somit ergibt sich $(1|-1)$.
- $g_2(x) = g_3(x)$
  $-x + 6 = 0{,}5x - 2 \Rightarrow x = \frac{16}{3}$
  $y = -\frac{16}{3} + 6 = \frac{2}{3}$, somit ergibt sich $\left(\frac{16}{3}\big|\frac{2}{3}\right)$.
- $g_2(x) = g_4(x)$
  $-x + 6 = -2x + 1 \Rightarrow x = -5$
  $y = -2 \cdot (-5) + 1 = 11$, somit ergibt sich $(-5|11)$.
- $g_3(x) = g_4(x)$
  $0{,}5x - 2 = -2x + 1 \Rightarrow x = 1{,}2$
  $y = 0{,}5 \cdot 1{,}2 - 2 = -1{,}4$, somit ergibt sich $(1{,}2|-1{,}4)$.

26 *Pflanzenwachstum*

Diese Pflanzen wachsen unterschiedlich. Die Geraden sehen zwar auf den ersten Blick gleich aus, haben aber unterschiedliche Skalierungen auf der y-Achse. Die mittlere Pflanze wächst am langsamsten, sie ist am 4. Tag die kleinste und braucht am längsten, um 8 cm zu erreichen.

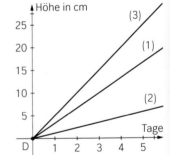

Kopfübungen

1. 13
2. Insgesamt gibt es 8 Eckwürfel mit je 1 cm³ Volumen. Der Rauminhalt wird um 8 cm³ kleiner, der Oberflächeninhalt ändert sich nicht.
3. (B) < (A) < (C)
4. 10 l = 10 000 cm³, das Volumen des Aquariums beträgt $30\,\text{cm} \cdot 40\,\text{cm} \cdot 60\,\text{cm} = 72\,000\,\text{cm}^3$, also benötigt sie höchstens 8, genau 7,2 Eimer.
5. a) 100; −1 000   b) $(-10)^7$
6. 20
7. 8

3 Lineare Funktionen

109 **27** *Andere Darstellungen von Geraden*

(1) a) $y = 2(x - 3) = 2x - 6$
Es lässt sich der Schnittpunkt mit der x-Achse ablesen: 3

b) Genau wie in a) ergibt sich nach Ausmultiplikation
$y = mx - ma$, wobei $b = -ma$ ist, also $m = -\frac{b}{a}$.
Anschaulich kann man das Steigungsdreieck zur Bestimmung von m also an den Schnittpunkten mit den Koordinatenachsen anlegen.

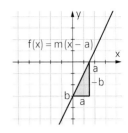

(2) a) $3 = 2 \cdot (1 - 1) + 3 = 3$, womit der Punkt zu der Geraden gehört.
$y = 2x - 2 + 3 = 2x + 1$

b) Prüfe $f(a) = c$:
$f(a) = m(a - a) + c = c$
Außerdem kann man umschreiben: $f(x) = mx - ma + c = mx + b$ mit $b = c - ma$, also ist f die Gleichung einer Gerade mit Steigung m durch $(a|c)$.

28 *Untersuchung senkrecht zueinander stehender Geraden*

a) $-\frac{3}{2}$

b) Die Steigung der gedrehten Geraden ist der Kehrwert der ursprünglichen Geraden mit umgekehrten Vorzeichen, also:
Aus 2 wird $-\frac{1}{2}$ und aus $-\frac{7}{4}$ wird $\frac{4}{7}$. Es gilt: Für die Steigung m_1 und m_2 senkrecht zueinander liegender Geraden gilt: $m_1 \cdot m_2 = -1$.

c) Schüleraktivität.

Projekt

Das Zeichnen von Bildern mit einem GTR (bzw. DGS oder sonstigem Funktionenplotter) macht Schülerinnen und Schülern in der Regel nicht nur viel Freude und ist insbesondere für Mädchen auch ästhetisch ansprechend, sondern schult ebenso das Verständnis für das Anpassen eines Funktionsterms über die Variation von Parametern an einen gegebenen Graphen, wie auch den Umgang mit dem technischen Darstellungsmittel. Grundsätzlich lassen sich die Bilder auch schrittweise erzeugen, indem man mehrere Funktionsterme für die linearen Funktionen eingibt. In einigen Programmen wie z. B. GeoGebra kann man auch gut den *Spurmodus* benutzen, indem man einen parameterabhängigen Term (z. B. $y_a = a(x + 5)$ für das „Sternenbüschel") definiert und dann für a unterschiedliche Werte einsetzt oder mit einem Schieberegler variiert.

Die Funktionsgleichung für das *Ausgangsbild* lautet: $y_c = -\frac{1}{2 \cdot c} x + \frac{1}{2} + c^2$ (vgl. Eingabefenster im *Tipp*). Der *Teppich* lässt sich mit linearen Funktionen $y = mx + b$ mit (betragsmäßig) gleicher Steigung m und unterschiedlichem Achsenabschnitt b erzeugen (hier: $m = 1$ bzw. $m = -1$ und $b \in \{-5, -4, \ldots, 4, 5\}$). Das *Sternenbüschel* kann dazu anregen, die lineare Funktion auch in faktorisierter Form $y = a(x - c)$ einzugeben, wobei c dann die Nullstelle der Funktion angibt (hier: $y = a(x \pm 5)$). Dies kann sich aus dem Vergleich mehrerer „Treffer" wie z. B. $y_1 = x + 5$, $y_2 = 2x + 10$, $y_3 = 0{,}5x + 2{,}5$ für die Nullstelle $x = -5$ ergeben. Der *Fünfstern* ergibt sich „näherungsweise" (d. h. soweit sich die exakten Werte aus der Grafik ablesen lassen) durch $y_1 = 1{,}5$, $y_2 = 3x + 5$, $y_3 = -3x + 5$, $y_4 = 0{,}75x - 2$ und $y_5 = -0{,}75x - 2$.

3.3 Anwenden – Modellieren mit linearen Funktionen

110 **1** *Ein Reiterhof*
a) $y = 43{,}57x + 185$, wobei y die Anzahl der Gäste und x das dazu entsprechende Jahr seit 1998 darstellt.
$y = 43{,}57 \cdot 11 + 185 = 664{,}28 \approx 664$ Gäste
b) Die Funktion aus a) passt nicht mehr so gut, die Steigung (Änderungsrate) müsste etwas kleiner sein. $f_1(x) = 42 \cdot x + 185$ passt nach Augenmaß besser zu den Daten, eine genaue Übereinstimmung geht aber meist verloren.
$f_2(x) = 41{,}5 \cdot x + 200$ passt auch gut.
Die Prognosen liefern unterschiedliche Werte für 2015 und 2020:
f_1: 899 bzw. 1109
f_2: 906 bzw. 1113

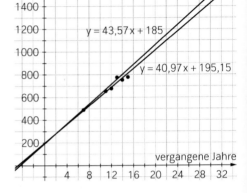

c) Man kann nicht davon ausgehen, dass so ein Besucherzahlwachstum für sehr lange Zeiten immer gleich bleibt, in der Realität stagniert das Wachstum in der Regel irgendwann oder es werden sogar wieder weniger Besucher.
Das Modell könnte vielleicht für Werte zwischen 0 und 10 bis 15 Jahren sinnvoll sein.
Beträgt die Besucherzahl 2020 nur 876, so stimmt auch die angepasste Funktion aus b) nicht oder man muss schließen, dass das Modell einer linearen Funktion nicht angemessen ist.

2 *Heißes Wasser – ein Experiment*
Funktion nach nebenstehender Tabelle: $y = 0{,}28x + 21$, wobei x die Zeit in Sekunden und y die Temperatur darstellt. Hiernach ist das Wasser nach 193 Sekunden 75 °C heiß, also nach ca 3,25 Minuten.

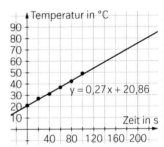

111 **3** *Was hat das Fallschirmspringen mit linearen Funktionen zu tun?*
a) In der ersten Phase fällt der Fallschirmspringer ohne geöffneten Fallschirm, seine Fallgeschwindigkeit wächst. In der zweiten Phase hat der Fallschirmspringer seine Grenzgeschwindigkeit aufgrund der Reibungskräfte erreicht und fällt mit konstanter Geschwindigkeit von $50 \frac{m}{s}$. In der dritten Phase ist der Fallschirm geöffnet und der Springer fällt mit einer geringeren Grenzgeschwindigkeit bis zum Erdboden. Sowohl die zweite als auch die dritte Phase können durch eine lineare Funktion modelliert werden.

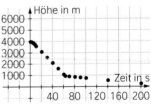

111 ③ b) Funktionsgleichung für die dritte Phase:
$y = -\frac{650}{130} \cdot x + 1290 = -5x + 1290, x \geq 70$
Bei der Landung ist die Höhe $y = 0$; das ergibt $x = 258$.
Die Landung erfolgt nach etwa 258 Sekunden.
c) 2. Phase: $50\frac{m}{s} = 180\frac{km}{h}$
   3. Phase: $5\frac{m}{s} = 18\frac{km}{h}$

113 ④ *Mittlere Höchsttemperatur*
Geografische Lage: mittlere Höchsttemperatur im April:
München: 48° nördl. Breite   9,6 °C
Hamburg: 53,5° nördl. Breite   5,2 °C

⑤ *Vom Streudiagramm zu Ausgleichsgeraden*

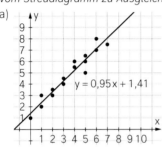

⑥ *Zusammenhang zwischen Alter und Gewicht*
Exakt linear ist die Gewichtszunahme nicht. Zwischen dem 1. und dem 7. Lebensjahr ist die Zunahme näherungsweise linear mit einer Rate von etwa 2,55, zwischen dem 7. und dem 10. näherungsweise mit einer Rate von 3,4 und zwischen dem 12. und 15. näherungsweise mit einer Rate von 5,33.

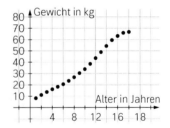

⑦ *Zusammenhang zwischen Masse und Flügelfläche*
a) Z.B. $y = \frac{10}{3}x - 30$
   400 g – 1 303 cm²
   500 cm² – 159 g
b) Aus der Funktion folgt für 2 090 g eine Flügelfläche von 6 937 cm².
   Der Blaureiher passt nicht mehr in diese lineare Abhängigkeit.

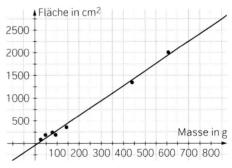

114 ⑧ *400 m Freistil*
a) Zu den Punkten scheint eher eine gekrümmte Kurve zu passen. Eine Gerade würde auch bedeuten, dass die 400m-Freistil irgendwann einmal in 0 Sekunden geschwommen werden.
b) Vermutlich werden die Zeiten nicht mehr deutlich weiter sinken und irgendwann wird ein unterstes Limit erreicht.

114 ⑨ *Punktwolken*
Die Punktwolken (1) und (4) könnten durch Ausgleichsgeraden beschrieben werden, wodurch folgende Gleichungen die Ausgleichsgerade festlegen könnten:
(1) $y = x + 1$ (4) $y = -0,5x + 2$

115 ⑩ *Bungee-Springen*
a) Ein Band dehnt sich umso stärker aus je höher das Gewicht des Springers ist. Bei mehreren Bändern wird die Belastung verteilt und die Dehnung ist nicht mehr so stark.
b) Schüleraktivität.

⑪ *Jetzt geht es rund*
Schüleraktivität.

⑫ *Jonglierball und Muffinförmchen*
a) Schüleraktivität.
b) Anhand der gegebenen Werte lässt sich beim Jonglierball eine Zunahme der Fallgeschwindigkeit im zeitlichen Verlauf feststellen, womit ein linearer Verlauf ausgeschlossen ist. Eine Fallgerade ergibt sich nicht.
Der Fall des Muffinförmchens zeigt bis auf den ersten Wert einen weitgehend linearen Verlauf, der ungefähr durch folgende Gleichung beschrieben werden kann:
$y = -1,2x + 1,05$, wobei y die Höhe und x die Zeit in Sekunden darstellt.

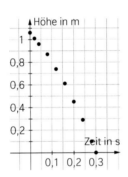
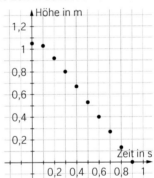

116 13 Autokauf

a) Kriterien: Raumangebot, Geschwindigkeit, Kosten, Umweltverträglichkeit, Farbe, Markenimage,... Bei den Kosten (Kraftstoff, Wartung, Reparatur,...) kann Mathematik helfen.

b) Gleichung Typ 1: $y = 0{,}16x + 15000$
Typ 2: $y = 0{,}116x + 20000$, wobei x die gefahrenen Kilometer und y die dafür anfallenden Kosten darstellt, die sich aus dem Spritverbrauch, dem Anschaffungspreis und den Inspektionskosten zusammensetzen.

gefahrene km	0	20000	40000	60000
Kosten Typ I	15000 €	18200 €	21400 €	24600 €
Kosten Typ II	20000 €	22320 €	24640 €	26960 €

gefahrene km	80000	100000	120000
Kosten Typ I	27800 €	31000 €	34200 €
Kosten Typ II	29280 €	31600 €	33920 €

Typ I ist bei den laufenden Kosten teurer als Typ II, aber in der Anschaffung billiger. Der Schnittpunkt gibt an, bei welcher km-Leistung die Gesamtkosten bei beiden Typen gleich sind. Die Kosten pro km entsprechen der Steigung der Graphen. Bei Typ I ist das 0,160 €/km, bei Typ II 0,116 €/km.

c) Bis zu einer Fahrleistung von etwa 110000 – 115000 km ist Typ I günstiger, von da an Typ II.
Weitere Aspekte: Wiederverkaufswert, Design des Autos... (vgl. auch a)).

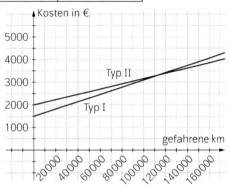

117 14 Pizza

Bei einem Verdienst von 100 € bei 200 Pizzen verdient er 50 ct pro Pizza. Wenn er mit dem neuen Ofen 80 Pizzen mehr, also 280 Stück backen kann, verdient er 140 €, also 40 € mehr.
Für die Abhängigkeit des zusätzlichen Verdienstes (V) nach vergangenen Tagen (t) gilt:
$V(t) = 40 \cdot t$
$3000 = 40 \cdot t$, somit ist $t = 75$ Tage.
Nach 75 Tagen hat er den Ofenpreis wieder eingeholt.

15 Ein neuer Backofen mit einem anderen Modell

a) Zusätzlicher Verdienst: $120 \cdot 0{,}60 \, € = 72 \, €$
$V(t) = 72 \cdot t$
$8000 = 72 \cdot t$, somit ist $t = 111{,}1$ Tage
Der Ofenpreis wäre erst nach 112 Tagen erwirtschaftet.

b) Bei 40 € Lohn für eine zusätzliche Verkaufskraft verbleiben nur noch 32 € zusätzlicher Gewinn.
120 €/Monat Wartungskosten bedeuten etwa 4 €/Tag, also nur noch 28 € zusätzlicher Verdienst.
$V(t) = 28 \cdot t$
$8000 = 28 \cdot t$, somit ist $t = 286$ Tage, dann würde sich der Ofen rechnen.

117 (16) *Stromtarife*

a) y = Preis pro Monat (€), x = kWh
  WATTera   y = 0,32 x
  VIELSTROM y = 0,28 x + 5,95
  grünenergie y = 0,24 x + 19,95

Je mehr kWh verbraucht werden, desto günstiger werden die Anbieter mit höheren Grundpreisen und günstigeren Preisen pro kWh.

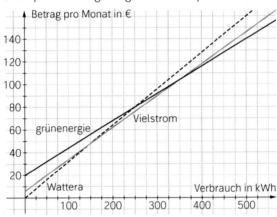

b) WATTera: 0,32 € · 350 = 112 €
  VIELSTROM: 0,28 € · 350 + 5,95 = 103,95 €
  grünenergie: 0,24 € · 350 + 19,95 = 103,95 €

  WATTera müsste preislich unter 103,95 € gelangen, was z. B. bei einer Senkung des Tarifpreises auf 0,29 € oder einer Senkung des Tarifpreises auf 0,26 € und einer Einführung eines Grundbetrages von 7 € möglich wäre.

c) VIELSTROM zwischen 250 und 350 kWh: 75,95 – 103,95
  grünenergie zwischen 250 und 350 kWh: 79,95 – 103,95, somit ist grünenergie in diesem Bereich teurer als VIELSTROM, darüber günstiger. Damit dies umgekehrt ist, müsste der Grundpreis unter den von VIELSTROM fallen und der Preis pro kWh dafür über den von VIELSTROM steigen. Es gibt keine andere Möglichkeit.

117 (17) *Kosten, Umsatz, Gewinn*

a) K(x) = 3,5x + 2

Stück	100	200	300	400	500	600	700	800	900	1000
Kosten in 1000 €	3,52	7,02	10,52	14,02	17,52	21,02	24,52	28,02	31,52	35,02

Der Schnittpunkt mit der y-Achse gibt die Grundkosten für die Firma (z. B. Strom, Instandhaltungskosten, etc.) an, die auch bei Nichtproduktion anfallen.

117 (17) b) U(x) = 4,5x bei 45 € pro Stuhl

Stück	100	200	300	400	500	600	700	800	900	1000
Umsatz in 1000 €	4,5	9	13,5	18	22,5	27	31,5	36	40,5	45

Der Umsatz beträgt somit das 45-fache der Stückzahl.
Der Gewinn ergibt sich aus der Differenz zwischen Umsatz und Produktionskosten.
Ein Gleichsetzen der Gleichungen für Umsatz und Kosten ergibt:
4,5x = 3,5x + 2 ⇒ x = 2 (in 100)
Für alle Werte x > 2 (in 100) macht die Firma Gewinn, es müssen also pro Tag mehr als 200 Stühle verkauft werden.

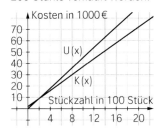

118 (18) *Mit dem Auto unterwegs*
a) Frau Meyer brauchte für die 600 km lange Strecke insgesamt 6 Stunden. Sie fuhr also im Durchschnitt 100 km/h. Die ersten 100 km fuhr Frau Meyer im Schnitt 100 km/h; dann machte sie eine Pause von etwa 20 Minuten. Danach fuhr sie zunächst etwa 40 Minuten langsamer, dann eine Stunde lang über 160 km/h. Nach 3 Stunden und 300 km Fahrt machte sie 1 Stunde Pause. Die letzten 300 km fuhr Frau Meyer in 2 Stunden, also im Schnitt 150 km/h.
b) Das kann sein; Frau Meyer fuhr auf dem Teilstück im Durchschnitt mehr als 160 km/h.
c) Die Vereinfachung erfolgt dadurch, dass man nicht die tatsächliche Geschwindigkeit zu jedem Zeitpunkt abbildet, sondern Durchschnittsgeschwindigkeiten während einzelner Zeitspannen.
d) Der Graph wäre dann eine Gerade vom Ursprung durch den Punkt (6|600).
Reisedauer mit drei halbstündigen Pausen:
6 + 1,5 = 7,5 Stunden.

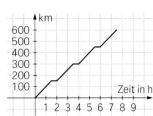

118 [19] *Tragkraft von Drahtseilen*
a) Hein vermutet, dass das Seil bei einer Lastenzunahme von jeweils 500 kg um 2 mm dicker sein muss. Er unterstellt einen linearen Zusammenhang zwischen Seildurchmesser und Belastungsmöglichkeit.

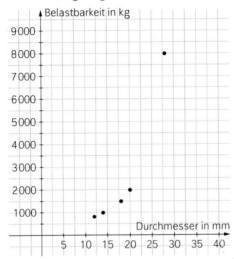

b) Für 3 t ist eine Seilstärke von etwa 22 mm nötig.

[20] *Wir bauen (in Gedanken) zwei Türme aus Papier*
a) Schüleraktivität.
b) Erster Fall: Höhe $h_1(n) = 100 + 5 \cdot n$
Zweiter Fall: Höhe $h_2(n) = 0{,}01 \cdot 2^n$

Anzahl der Schritte	30	50	100
Höhe h_1	250 cm	350 cm	6 m
Höhe h_2	107,4 km	$1{,}13 \cdot 10^8$ km	$1{,}27 \cdot 10^{25}$ km

119 [21] *Lineare Zusammenhänge?*
a) Zu jedem Gewicht gehört eindeutig ein Porto; es liegt also eine Funktion vor; diese ist nicht linear, da die Gewichte zu Gewichtsklassen zusammengefasst sind, also verschiedene Gewichte das gleiche Porto kosten.
b) Die Höhe der Treppenstufen wird nicht berücksichtigt; es liegt keine lineare Funktion vor, wenn es verschiedene Treppen sind, bei baugleichen Treppen liegt ein linearer Zusammenhang vor.
c) $U(x) = 2 \cdot 10 + 2 \cdot x$; $A(x) = 10 \cdot x$; es liegen lineare Zusammenhänge vor.
d) t = vergangene Zeit, N(t) = Zuschauer in der Halle
$N(t) = 6000 - 150t$, ist eine lineare Funktion.
e) Wenn die Gewinne für jede Person gleich groß sind, dann gilt: x = Anzahl der Mitglieder, y = Gewinn pro Mitglied, $y = \frac{G}{x}$ (G = Gesamtgewinn), ist keine lineare Funktion, da die Variable x im Nenner vorkommt; es liegt eine Antiproportionalität vor.
f) x = Anzahl der vergangenen Tage, y = bedeckte Fläche
$y = 2^x \cdot A$ (A = Algenfläche am 1. Tag), ist keine lineare Funktion; der Graph ist keine Gerade. Das Wachstum von Algen ist nicht linear, da die Algenfläche sich nicht täglich um den gleichen Betrag vergrößert.
g) Länge l und Zeit t: $l(t) = w \cdot t$, wobei w die Wachstumsrate ist. Es liegt ein linearer Zusammenhang vor.

119 Kopfübungen
1. Ist es ein negativer Bruch, findet man ihn nach der Multiplikation weiter links, ist der Bruch positiv, weiter rechts.
2. a) $\alpha = \beta$; b) $\alpha \neq \beta$
3. 3
4. (B)
5. a) -35; b) -13
6. 13; Ø ist dann 6
7. a) $6k^2$; b) $150\,cm^2$

120 Projekt
Schüleraktivität.

121 ⟨22⟩ *Handwerkerkosten*

Auftrag	Arbeitszeit	Rechnungsbetrag
Peter	1:40 h	135 €
Müller	18 min	60 €
Schröder	$\frac{1}{2}$ h	60 €
Köhler	90 min	120 €

Der Graph rechts ist zutreffend, da die Rechnungsbeträge stufenweise alle 15 min steigen.

⟨23⟩ *Höhenmessung mit dem Thermometer*
a) Wenn man die Höhen in m in die Vorschrift einsetzt und das Ergebnis mit dem gemessenen Siedepunkt vergleicht, sieht man, dass die Vorschrift sehr gut passt.

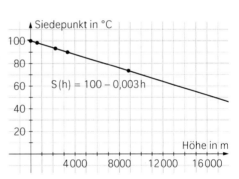

b) Samuel Baker hat den Siedepunkt des Wassers bestimmt und dann mithilfe der Funktionsvorschrift die Höhe berechnet. Wenn die Höhe um 150 m wächst, fällt der Siedepunkt um 0,45 °C.

3.4 Geraden in Parameterform

122 ⟨1⟩ *Ein Sportflugzeug*
a)
t (in s)	0	1	2	3	4
y(t) (in m)	0	50	100	150	200

t (in s)	0	1	2	3	4
y(t) (in m)	0	7	14	21	28

b) $x(t) = 50 \cdot t$ $y(t) = 7 \cdot t$
$x(120) = 6000$ $y(120) = 840$
Nach 120 s ist das Flugzeug 840 m hoch und 6 km entfernt (in der Horizontalen).
c) Rund 286 s; rund 14,3 km

122 ② *Ein Containerschiff*
a) $x(0) = 0$ $x(1) = 20$
   $y(0) = 4$ $y(1) = 19$
b) $x(4) = 80$, $y(4) = 64$
   Nach 4 Stunden ist das Schiff 80 Seemeilen weiter östlich und 64 Seemeilen weiter nördlich.
c) $y = \frac{15}{20} \cdot x + 4 = \frac{3}{4} \cdot x + 4$

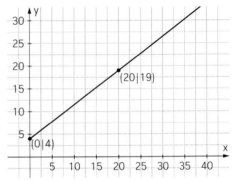

123 ③ *Viele Punkte erzeugen eine Bahn*
a)

t	x(t)	y(t)
−3	−3 − 2 = −5	−2·(−3) + 3 = 9
−2	−2 − 2 = −4	−2·(−2) + 3 = 7
−1	−1 − 2 = −3	−2·(−1) + 3 = 5
0	0 − 2 = −2	−2·0 + 3 = 3
1	1 − 2 = −1	−2·1 + 3 = 1
2	2 − 2 = 0	−2·2 + 3 = −1
3	3 − 2 = 1	−2·3 + 3 = −3

c) $y = -2x - 1$

b)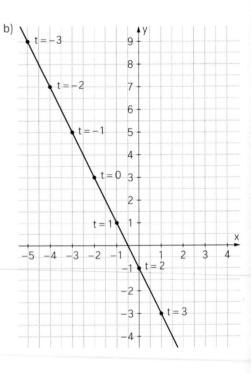

④ *Grafik und Tabelle mit dem GTR*
Schüleraktivität.

125 Parameterform und Funktionsgleichung 1

a) (1)

t	−3	−2	−1	0	1	2	3
x(t)	−6	−4	−2	0	2	4	6
y(t)	−3	−2	−1	0	1	2	3

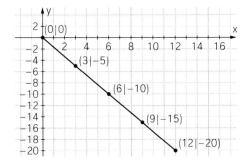

(2)

t	0	1	2	3	4
x(t)	0	3	6	9	12
y(t)	0	−5	−10	−15	−20

(3)

t	−5	−4	−3	−2	−1	0	1	2	3
x(t)	−7	−6	−5	−4	−3	−2	−1	0	1
y(t)	−10	−8	−6	−4	−2	0	2	4	6

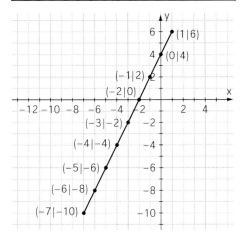

3 Lineare Funktionen

125 **5** Fortsetzung

(4)

t	0	1	2	3	4	5	6	7	8
x(t)	4	3,5	3	2,5	2	1,5	1	0,5	0
y(t)	−2	−1,75	−1,5	−1,25	−1	−0,75	−0,5	−0,25	0

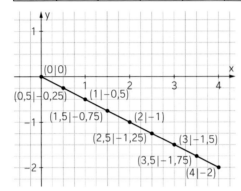

b) (1) $y = \frac{1}{2} \cdot x$ (2) $y = -\frac{5}{3} \cdot x$ (3) $y = 2x + 4$ (4) $y = -\frac{1}{2} \cdot x$

6 *Einige bemerkenswerte Linien*

a) Wegen der konstanten Werte für x bei (1) und für y bei (2) kann man erschließen, dass es sich bei (1) um eine Parallele zur y-Achse und (2) um eine Parallele zur x-Achse handelt. Bei (5) sind x- und y-Koordinaten gleich, also y=x.

b) (1)

t	−1	0	1	2	3
x(t)	5	5	5	5	5
y(t)	−1	0	1	2	3

Parallele zur y-Achse durch x = 5

(2)

t	−1	0	1	2	3
x(t)	−1	0	1	2	3
y(t)	10	10	10	10	10

Parallele zur x-Achse durch y = 10.

(3)

t	−2	−1	0	1	2
x(t)	−2	−1	0	1	2
y(t)	−4	−2	0	2	4

Die Gerade y = 2x.

(4)

t	−2	−1	0	1	2
x(t)	−4	−2	0	2	4
y(t)	−8	−4	0	4	8

Die Gerade y = 2x.

(5)

t	−2	−1	0	1	2
x(t)	−2	−1	0	1	2
y(t)	−2	−1	0	1	2

Die Gerade y = x.

(6)

t	−2	−1	0	1	2
x(t)	−2	−1	0	1	2
y(t)	2	1	0	−1	−2

Die Gerade y = −x.

125 [7] *Ganz schön krumm, oder?*

a)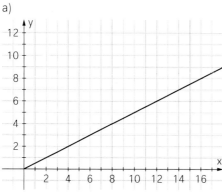

b)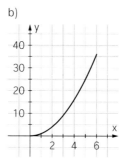

c)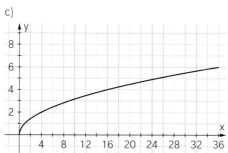

d)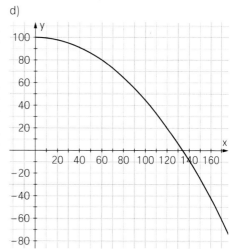

[8] *Zwei Schiffe*

a)

t	x_1	y_1	x_2	y_2
0	0	10	0	50
1	500	10	750	50
2	1 000	10	1 500	50
3	1 500	10	2 250	50
4	2 000	10	3 000	50
5	2 500	10	3 750	50

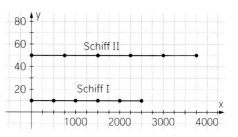

b) Beide Schiffe fahren auf demselben Kurs, ihr Fahrweg verläuft parallel im Abstand von 40 m. Schiff 2 fährt schneller als Schiff 1.

[9] *Zwei Schiffe mit dem GTR*
 a) Schüleraktivität.
 b) Den Parallelkurs erkennt man daran, dass sowohl y_1 als auch y_2 konstant sind, d. h. Parallelen zur x-Achse beschreiben. Der Faktor von t ist bei x_2 größer als bei x_1, d. h. Schiff 2 ist schneller.

3 Lineare Funktionen

126 **10** *Parameterform und Funktionsgleichung 2*
a) Mithilfe einer Wertetabelle und den Graphen stellt man fest, dass beide Darstellungen dieselbe Gerade beschreiben.
b) Beispiel: (x|y) ist der Ort, t der Zeitpunkt, zu dem man sich an diesem Ort befindet. Aus diesem Grund eignet sich die Parameterform am ehesten für die Kursbeschreibung. Nur bei der Parameterform gibt es die Möglichkeit neben der Festlegung eines Punktes durch seine Koordinaten auch eine dritte Variable, die Zeit t, darzustellen.
c) Beide Parameterformen gehören zur Geraden y = 2x − 3, was anhand einer Wertetabelle bestätigt wird. An g_2 erkennt man sofort die Geradengleichung y = 2x − 3, weil die x-Koordinate einfach t ist.

11 *Ein Flugzeug*
a) x(t) = 72t
y(t) = 1000 − 3t

b)
t (in s)	0	50	100	150	200	250	300	$333\frac{1}{3}$
x (in m)	0	3600	7200	10800	14400	18000	21600	24000
y (in m)	1000	850	700	550	400	250	100	0

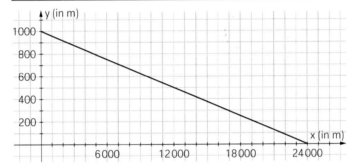

c) Das Flugzeug setzt nach 333 s auf; es hat bis dahin eine horizontale Strecke von 24000 m (24 km) zurückgelegt.

12 *Von der Tabelle zu den Parametergleichungen*
a) x(t) = 3t + 1
y(t) = 2t
Der Graph ist die Gerade $y = \frac{2}{3}x - \frac{2}{3}$.

b) x(t) = 15 − 5t
y(t) = 2 + 3t
Der Graph ist die Gerade $y = -\frac{3}{5}x + 11$.

c) x(t) = t²
y(t) = 3t
Der Graph ist keine Gerade.

Kopfübungen
1. 7
2. 90°, 45°, 45°
3. 13
4. α, β, γ, δ, ε
5. a) −9; b) 3
6. Im Durchschnitt tragen 3,8 (≈ 4) Jungen Pullis einer Farbe.
7. y = 0,5x

127

13 *Schiffe auf Kollisionskurs*
a) An der Schnittstelle (30|24) der beiden Graphen befindet sich die „Stella" nach genau 3 Stunden. Zu diesem Zeitpunkt ist die „Auria" auf der Position (24|30). Es wird also nicht zu einer Kollision kommen.
b) Der Graph allein eignet sich nicht, da er nichts aussagt über den Zeitpunkt, an dem die Schiffe an bestimmten Positionen sind.

14 *Schiffe auf Kollisionskurs mit GTR*
a) Schüleraktivität.
b) Man muss die Faktoren 10 und 8 von t so verringern, dass das Verhältnis gleich bleibt, also z. B. auf 7,5 und 6 oder auf 5 und 4. Auria ist nach 3,75 Stunden in (30|24). Mit $\frac{30}{3,75} = 8$ erhält man für Stella: $x_1(t) = 8t$ und $y_1(t) = 6,4t$.
c) Schüleraktivität.

15 *Schwimmen im Fluss*
a) 200 Sekunden
b) $x(t) = 0,5t$
$y(t) = 1,5t$

t	0	10	20	30	40	50	60	70	80	90	100
x(t)	0	5	10	15	20	25	30	35	40	45	50
y(t)	0	15	30	45	60	75	90	105	120	135	150

t	110	120	130	140	150	160	170	180	190	200
x(t)	55	60	65	70	75	80	85	90	95	100
y(t)	165	180	195	210	225	240	255	270	285	300

Bis der Schwimmer nach 200 Sekunden das andere Ufer erreicht, ist er um 300 m nach Norden abgetrieben.

Kapitel 4
Systeme linearer Gleichungen

Didaktische Hinweise

Dieses Kapitel baut sowohl auf Kapitel 5 (Gleichungen und Terme) in Band 7 als auch auf die Kapitel 1 (Sprache der Algebra) und insbesondere Kapitel 3 (Lineare Funktionen) dieses Bandes auf.

In Abschnitt **4.1** wird für das Lösen von zwei Gleichungen mit zwei Variablen zunächst der Zusammenhang zwischen dem Probierverfahren mittels einer Tabelle, dem grafischen Lösen mit linearen Funktionen sowie dem rechnerischen (algebraischen) Lösen hergestellt. Für das rechnerische Lösen eines Systems linearer Gleichungen wird in diesem Abschnitt das Gleichsetzungsverfahren in zahlreichen Aufgabensituationen geschult. Da das Aufstellen eines Gleichungssystems eine zentrale Rolle spielt, werden verschiedene Hilfestellungen gegeben.

Die Lösbarkeit von Gleichungssystemen wird mithilfe der zeichnerischen Lösung frühzeitig thematisiert und rechnerisch unterstützt. Das Einsetzungsverfahren wird nur kurz gestreift, das Additionsverfahren zunächst gar nicht thematisiert.

Im Abschnitt **4.2** steht das Modellieren, als Problemlösen in komplexeren Aufgabensituationen, im Vordergrund. Vom Problem, das in mathematische Sprache übersetzt wird, wird in einer 5-Schritt-Methode eine geeignete Lösungsstrategie als Basiswissen angeboten:
1. Problem erfassen
2. Gleichungssystem aufstellen
3. Gleichungssystem lösen
4. Problemprobe
5. Lösung des Problems

Als besondere Aufgaben werden Wind- und Strömungsaufgaben sowie Aufgaben aus der Wirtschaft berücksichtigt. Abschließend fordern etwas umfänglichere Aufgaben die Fertigkeiten der Schülerinnen und Schüler heraus. Deren Komplexität liegt zum einen in der Analyse der Situation, die es zu mathematisieren gilt, aber auch in der Art der weiteren Bearbeitung und Auswertung. Daher eignen sich diese Aufgaben gut für die gemeinsame Bearbeitung im Unterricht, da zwar die benötigten Hilfsmittel verfügbar sein sollten, die Mathematisierung in der Lerngruppe jedoch besser gelingt als in Einzelarbeit.

Als besonders wirkungsvoll hat sich das Gruppieren von Aufgaben in bestimmten charakteristischen Klassen von Problemen (Altersrätsel, Münzenrätsel, Rätsel mit Zahlen und Ziffern) erwiesen. Mischungsaufgaben runden diesen Abschnitt ab. Durch Erkennen des Typs von Aufgaben (das ist ja wie bei ...) können frühere Erfahrungen fruchtbar gemacht und so der subjektive Schwierigkeitsgrad gesenkt werden. Da die Schülerinnen und Schüler die Aufgaben zunehmend eigenverantwortlich und eigenständig bearbeiten können, wird auch der Zuwachs an eigener Kompetenz erfahrbar.

Systeme von linearen Ungleichungen werden im Lernabschnitt **4.3** (als Zusatzstoff) behandelt. Sie eignen sich in hervorragendem Maße dazu, sowohl Alltagssituationen zu mathematisieren (zumeist sprechen wir ja auch von „mindestens", „höchstens", „mehr als" usw., was typisch für Ungleichungen ist), als auch „Koordinatengeometrie" (Beschreibung von Gebieten in der Koordinatenebene durch Systeme von Ungleichungen) zu betreiben. Die Lösungen von Ungleichungssystemen unterscheiden sich von denen der linearen Gleichungssysteme. Eine genauere Untersuchung der verschiedenen Lösungsmengen oder „Lösungsgebiete", die bei Ungleichungssystemen auftreten können, ist ein interessanter „Forschungsauftrag". In aller Regel haben Schülerinnen und Schüler viel Freude daran, wie eine Art Detektiv, die jeweiligen Planungsvielecke zu identifizieren. Daher sollte auch die Verwendung des GTR in der ersten Phase keine und später eher eine untergeordnete Rolle spielen. Das eigene Zeichnen ist zudem eine schöne Wiederholung vieler Fertigkeiten, die im Zusammenhang mit linearen Funktionen erworben wurden.

Den Abschluss dieses Lernabschnitts bildet ein kurzer Ausflug in das außerordentlich interessante und anwendungsrelevante „Lineare Optimieren". Das Mathematisieren wird vertieft, erworbene Kenntnisse (lineare Funktionen, Ungleichungssysteme, Planungsvieleck, Zielfunktion usw.) werden im Sinne des kumulativen Lernens zusammengeführt und beim Lösen von Problemen, die zunächst komplex und unüberschaubar sind, fruchtbar gemacht.

Lösungen

4.1 Lineare Gleichungen und Gleichungssysteme

1 *Zwei Zahlenrätsel*
a) Das gelbe Zahlenrätsel kann man leichter lösen, da hier nur eine Variable auftaucht.
b) Bei $2x + 3y = 18$ tauchen zwei Variablen wie beschrieben auf.
$(3|4)$; $(-6|10)$; $\left(\frac{3}{4}\big|\frac{11}{2}\right)$ lösen die Gleichung.

c)
x	−1	0	1	2	3	4
y	$\frac{20}{3}$	6	$\frac{16}{3}$	$\frac{14}{3}$	4	$\frac{10}{3}$

Steigt x um 1, so sinkt y um $\frac{2}{3}$

d) $y = -\frac{2}{3}x + 6$

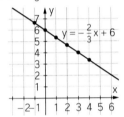

2 *Postkartenkauf*
a) Ja, es kann stimmen. Dennoch gibt es noch mehr Möglichkeiten, solange eine gerade Zahl an großen Postkarten gekauft wird und der Rest mit kleinen Karten bis zu 30 € Gesamtbetrag aufgefüllt wird.
b) Nein, da der entstehende Betrag von 10,50 € nicht mit kleinen Karten zu 1 € auf 30 € Gesamtbetrag angehoben werden kann. Es verbleibt immer ein Betrag von x,50 €.
c) x steht für die Anzahl an großen Karten zu je 1,50 € und y für die Anzahl von kleinen Karten zu je 1 €.

3 *Gleichungssystem*
a) (1) $0 + 4 = 4$; $1 + 3 = 4$; A und B gehören zur Gleichung 1
(2) $1 - (-1) = 2$; $4 - 2 = 2$; C und D gehören zur Gleichung 2
Die jeweiligen x- und y-Koordinaten werden in die Gleichung eingesetzt und es wird darauf geachtet, ob das jeweilige Ergebnis erhalten wird.
b) Es ist der Schnittpunkt der beiden Geraden, die sich aus den Gleichungen ergeben. Er erfüllt also beide Gleichungen.
c) $y = -x + 4$; $y = x - 2$. Der Schnittpunkt wird wie oben angegeben berechnet und durch Gleichsetzen der Gleichungen ergibt sich $(3|1)$.

4 *Stimmt die Lösung?*
a) F, E sind Lösungen der linearen Gleichung.
b) L, D sind Lösungen der Gleichung.
c) M, A sind Lösungen der Gleichung.
d) U, S sind Lösungen der Gleichung.
(Feldmaus)

136

5 *Lösungsmenge tabellarisch und als Graph*

a) $6x + 4y = 20$

x	−1	0	1	2	3
y	6,5	5	3,5	2	0,5

b) $3x − 5y = 10$

x	−1	0	1	2	3
y	−2,6	−2	−1,4	−0,8	−0,2

c) $−x + 2y = 12$

x	−1	0	1	2	3
y	5,5	6	6,5	7	7,5

d) $−2x − y = 6$

x	−1	0	1	2	3
y	−4	−6	−8	−10	−12

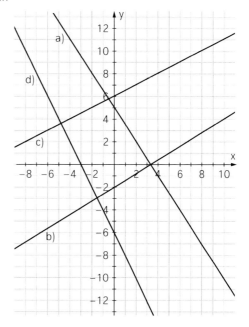

6 *Lineare Gleichung − lineare Funktion*

a) $4x + y = −4 \Rightarrow y = −4x − 4$

b) $x + 3y = 12 \Rightarrow y = −\frac{1}{3}x + 4$

c) $−x + 2y = 5 \Rightarrow y = \frac{1}{2}x + 2,5$

d) $5x − 8y = 16 \Rightarrow y = \frac{5}{8}x − 2$

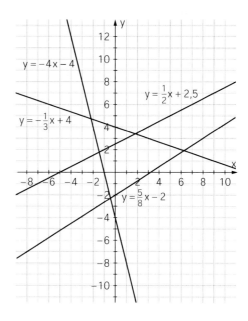

7 *Wer passt zu wem?*

Man formt die Gleichungen zu Rechenvorschriften um:

a) $y = −2x + 3$ Gerade (1)
b) $y = x − 2$ Gerade (3)
c) $y = \frac{1}{2}x$ Gerade (2)
d) $y = −2x + 3$ Gerade (1)
e) $y = −2x + 3$ Gerade (1)
f) $y = x − 2$ Gerade (3)
g) $y = x − 2$ Gerade (3)
h) $y = 3 − 2x$ Gerade (1)

4 Systeme linearer Gleichungen

137

8 *Kinobesuch*
a) Wäre Peter keinmal oder einmal im Cinestar gewesen, hätte er 33 € bzw. 26 € für Eintritte im Capitol ausgegeben. Beide Beträge sind nicht durch 6 teilbar; also ist Peter mehr als einmal im Cinestar gewesen.
b) x = Anzahl der Besuche im Cinestar, y = Anzahl der Besuche im Capitol
$7x + 6y = 33$
Einzige Lösung mit natürlichen Zahlen: $x = 3$, $y = 2$
Peter war dreimal im Cinestar und zweimal im Capitol.

9 *Eine seltsame Gleichung*
a) In der Gleichung kommt eine der Variablen im Quadrat vor; an der Tabelle erkennt man, dass y nicht mit wachsendem x linear wächst; im Diagramm sieht man, dass der Graph keine Gerade ist.
b) (2) ist von der Form $ax + by = c$ und somit eine lineare Gleichung. (3) kann man zu einer linearen Gleichung umformen, sie ist allerdings in $x = 0$ nicht definiert.

10 *Lineare Gleichung – lineare Funktion*
a) $y = \left(-\frac{a}{b}\right)x + \left(\frac{c}{b}\right)$, wobei man für alle $b \neq 0$ eine klassische lineare Funktion mit $y = mx + b$ erhält.
b) Für $b = 0$ ergibt sich $ax = c$, also eine Parallele zur y-Achse bei $x = \frac{c}{a}$.
c) Dann muss $c = 0$ sein und alle Punkte $(x|y)$ erfüllen die Gleichung.

11 *Gemeinsame Lösung zweier linearer Gleichungen grafisch bestimmen*
a) $y = x - 3$; $(0|-3)$; $(1|-2)$; $(5|2)$
$-3 = 0 - 3$ stimmt; $-2 = 1 - 3$ stimmt; $2 = 5 - 3$ stimmt
$y = 5 - 3x$; $(0|5)$; $(1|2)$; $(2|-1)$
$5 = -3 \cdot 0$ stimmt; $2 = 5 - 3 \cdot 1$ stimmt; $-1 = 5 - 3 \cdot 2$ stimmt
b) Der Schnittpunkt liegt bei $(2|-1)$.
$y = 5 - 3x$: $-1 = 5 - 3 \cdot 2 \Rightarrow$ löst die Gleichung
$y = x - 3$: $-1 = 2 - 3 \Rightarrow$ löst die Gleichung
c) Auf diese Weise wird die x-Koordinate des gemeinsamen Schnittpunktes errechnet:
$x - 3 = 5 - 3x \Rightarrow x = 2$

12 *Wie gut sind Näherungslösungen?*
a) $4x + 3y = 6 \Rightarrow y = \left(-\frac{4}{3}\right)x + 2$
$2y = x + 2 \Rightarrow y = 0{,}5x + 1$
b) Schüleraktivität.
c) Schüleraktivität.

Der exakte Schnittpunkt liegt bei $\left(\frac{6}{11}\Big|\frac{14}{11}\right)$.

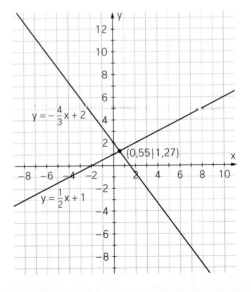

138 ⟨13⟩ *Lösung von zwei Gleichungen gesucht*
a) Die Gleichungen passen zum linken Diagramm.
   Lösung der beiden Gleichungen entspricht dem Schnittpunkt, aus Diagramm abgelesen: (3|2).
b) Die Gleichungen passen zum rechten Diagramm.
   Es gibt keinen Schnittpunkt, da die Geraden parallel verlaufen. Es gibt also keine Lösung.

139 ⟨14⟩ *Lösungen prüfen*
Anmerkung zur ersten Auflage: erste Gleichung in c): $3x - 2y = 8$ und d): $4x - 5y = 0$, sonst gibt es überall keine Lösung.
a) keine Lösung   b) keine Lösung   c) (2|−1) ist Lösung   d) (5|4) ist Lösung

140 ⟨15⟩ *Training*
Anmerkung zur ersten Auflage: erste Gleichung in a): $y = x - 3$, sonst keine Lösung.
a) (7|4)   b) (−1,5|4)   c) (−4|14)   d) $\left(\frac{29}{16}\bigg|\frac{17}{16}\right)$

⟨16⟩ *Grafisch lösen. Mache die Probe.*
a) (3|2)

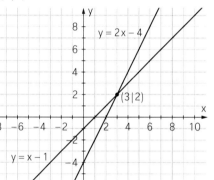

b) (2|−1)

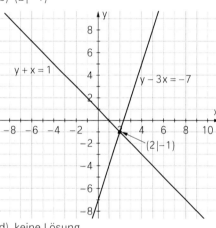

c) (20|24)

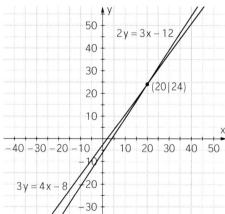

d) keine Lösung

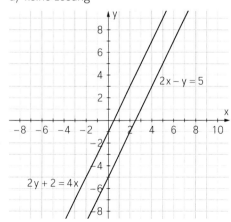

140

17 *Unterschiedliche Wege führen zum Ziel*
- Grafische Lösung, aus der der Schnittpunkt und somit die Lösung der Gleichungssysteme ermittelt wird,
- Tabellarisch durch Entdecken von gemeinsamen Punkten in der Tabelle,
- Gleichsetzungsverfahren

18 *Welche zweistellige Zahl ist gesucht?*
Man kann die Bedingungen in diesen Gleichungen festhalten:
$x + y = 9$
$10x + y + 9 = 10y + x$
Wobei x die erste und y die zweite Ziffer ist. Die Lösung dieses Gleichungssystem ist $x = 4$ und $y = 5$, die gesuchte Zahl lautet 45.

19 *Pralinenmischung*
x ist der Mengenanteil der Sorte für 7 € (in 100 g), y ist der Mengenanteil der Sorte für 5 € (in 100 g):
$5{,}50 = 7x + 5y$
$x + y = 1$, da beide Mengenanteile 1 ergeben sollen.
$y = 0{,}75$; $x = 0{,}25$, somit besteht die Mischung aus 25 % der teureren Sorte und aus 75 % der billigeren Sorte (25 g und 75 g). Für 10 kg dieser Mischung müssen somit $100 \cdot 25$ g und $100 \cdot 75$ g, also 2,5 kg und 7,5 kg verarbeitet werden.

20 *„Sagenhaft"*
Anzahl der Griechen: x; Anzahl der Zentauren: y
$x + y = 420$
$2x + 4y = 1040$
$\Rightarrow x = 320$; $y = 100$; es kämpften 320 Griechen gegen 100 Zentauren.

21 *Schulkonzert*
a) Erwachsenenkarten: x; Schülerkarten: y
$x + y = 400$
$4x + 1{,}5y = 1037{,}50$
$\Rightarrow x = 175$; $y = 225$; 175 Erwachsene und 225 Schüler kamen zum Konzert.
b) Die 175 Erwachsenen müssten noch zusätzlich 462,50 € zahlen; das sind rund 2,65 € pro Person. Die Karten müssten also 6,65 € kosten.

22 *„Richtig schwer"*
Gewicht von Kräftig: x; Gewicht von Lang: y
$2x + y = 361 \Rightarrow x + 2y = 362$
$\Rightarrow x = 120$; $y = 121$; Hans Kräftig wiegt 120 Pfund, Klaus Lang 121 Pfund.

141 (23) *Erforsche und klassifiziere Gleichungssysteme*
Anmerkung zur ersten Auflage: Es muss heißen b) $y + 3x = 4$, $2y + 6x = 8$;
c) $y - 2x = -3$, $3y - 6x = -6$. Andernfalls hätte man dreimal den gleichen Fall.

a) Zwei sich schneidende Geraden; das Gleichungssystem hat genau eine Lösung.

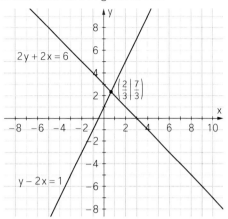

b) Zwei identische Geraden; das Gleichungssystem hat unendlich viele Lösungen.

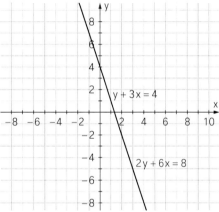

c) Zwei parallele Geraden; das Gleichungssystem hat keine Lösung.

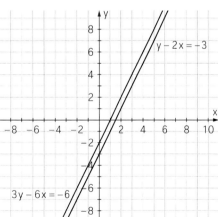

141 (24) *Lösbar?*

a) x = −3,5; y = 10

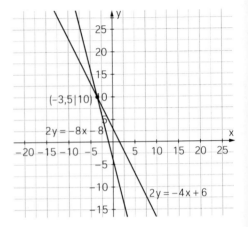

b) x = 4,5; y = 0

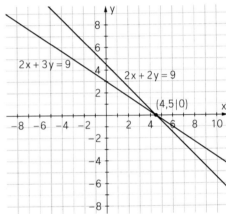

c) keine Lösung; Geraden verlaufen parallel

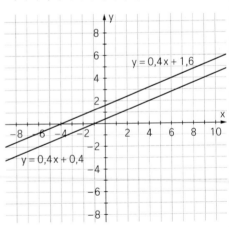

142 (25) *Gleichungssystem-Memory*
a) 1E; 2F; 3B; 4C; 5A; 6D
b) 6D: parallele Geraden → keine Lösung
   2F: Geraden liegen übereinander → unendlich viele Lösungen

142 Kopfübungen

1. 5 000 000 Tonnen
2. a) Quadrat
   b) gleichschenkliges Dreieck
3. 1,60 €
4. $2 \cdot a \cdot b$
5. 77,6 °C
6. $\frac{3}{450} = \frac{1}{150}$, also ca. 0,67 %
7. $y = -9,5x + 190$

143

26 *Preisgestaltung bei den Tickets für eine Show*
- $161\,000 = 1200 \cdot r + 1800 \cdot p$
  $p = 20 + r$
- $r = 41{,}70\,€;\ p = 61{,}70\,€$
- Die gefundene Lösung deckt die Kosten ab, ein Gewinn ist damit noch nicht erzielt.
  Wenn man den Preis für den Rang auf 43 € und den für Parkett auf 63 € fest legt, macht man pro Karte 1,30 € Gewinn, was einen Gesamtgewinn von 3900 € einbringt.
- Hierbei gibt es verschiedene Möglichkeiten, die es auszuprobieren gilt.
  Eine davon wäre z. B.
  1) $500\,000 = 6000 \cdot r + 8000 \cdot p$
  2) $p = 10 + r$
  Somit wäre $r = 30$ und $p = 40\,€$.

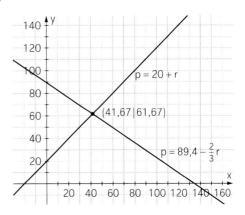

27 *Finde passende Gleichungen*
$3x - 4y = 8 \Rightarrow y = 0{,}75x - 2$
a) Jede beliebige Geradengleichung, die eine andere Steigung aufweist.
b) Parallel verlaufende Geraden mit unterschiedlichen Werten für b bei gleicher Steigung, z. B. $y = 0{,}75x + 1$.
c) Identische, übereinanderliegende Geraden.

28 *Miniforschungsauftrag*
a) $b = -5;\ a \neq 2$
b) $b = -5;\ a = 2$
c) $b \neq -5;\ a$ beliebig

29 *Lösungen auf den ersten Blick, manches Mal auch erst auf den zweiten*
a) $2y = 2$
b) Da die x-Werte in beiden Gleichungen identisch sind, hängt die Differenz der Endergebnisse nur vom Wert der Differenz der y-Werte ab.
$3x - 4y = 7$
$2x + 2y = 5$, erweitern zu $4x + 4y = 10$, also $7x = 17$
$\Rightarrow x = \frac{17}{7},\ y = \frac{1}{2}(5 - 2x) = \frac{1}{14}$

4 Systeme linearer Gleichungen

143 [30] *Drei Gleichungen mit zwei Unbekannten, was nun?*
a) Eine Variable wird nach der anderen umgeformt und in eine Gleichung eingesetzt.
Bsp. y = 2x:
(1) x + 2x = 3 ⇒ x = 1
(3) y = 1 + 1 = 2, also ist x = 1 und y = 2
b) y ist wieder als 2x vorgegeben, weshalb es direkt für y eingesetzt werden kann:
(1) x + 2x = 3 ⇒ x = 1
(3) y = 1 − 1 = 0
(2) 0 ≠ 2 · 1
Dieses Gleichungssystem hat somit keine Lösung.

144 [31] *24 h-Rennen*
1. x + y = 153
   y = x − 21
2. Schüleraktivität.
3. Diese Umstellung wird für y in die obere Gleichung eingesetzt.
4. x + x − 21 = 153 ⇒ x = 87
5. y = 87 − 21 = 66
6. 87 + 66 = 153

[32] *Gleichungslösen durch Substitution*
a) x − 5 · (2x + 1) = − 9x − 5 = 4
⇒ x = −1 ⇒ y = −2 + 1 = −1
b) 3 · (5 + 3y) − 2y = 15 + 7y = 1
⇒ y = −2 ⇒ x = −1
c) 2x + 2 + x = 3x + 2 = 6
⇒ $x = \frac{4}{3}$ ⇒ $y = \frac{10}{3}$
d) x = 2 − 6y
2 · (2 − 6y) + 3y = 4 − 9y = 5
⇒ $y = -\frac{1}{9}$ ⇒ $x = \frac{8}{3}$

4.2 Anwendungen – Modellieren mit linearen Gleichungssystemen

145 [1] *Aus der Wirtschaft*
a) Für den Inhaber der Pizzeria ist es vorteilhafter, wenn der Umsatz sehr hoch ist, nach Modell A zu zahlen, und wenn der Umsatz sehr niedrig ist, nach Modell B.
Für Simon ist das genau umgekehrt.
b) y = 40 + 0,08 x
40 + 0,08 x = 50 + 0,05 x
⇒ x = 333,33
Bei einem Umsatz von 333,33 € erhält Simon bei beiden Modellen denselben Verdienst, nämlich 66,67 €.
c) In dem Fall würde er sich für Modell A entscheiden, weil das Grundgehalt höher ist und die Höhe des Umsatzes mit einem gewissen Risiko verbunden ist.

… 4 Systeme linearer Gleichungen …

145 ⟨2⟩ *Aus China*
Gutes Ackerland: x; schlechtes Ackerland: y
x + y = 200
300x + 125y = 46 000
⇒ x = 120; y = 80; gekauft wurden 120 Morgen gutes und 80 Morgen schlechtes Ackerland.

146 ⟨3⟩ *Beim Basketballspiel*
Anzahl Drei-Punkt-Würfe: x   Anzahl Zwei-Punkt-Würfe: y
x + y = 9
3x + 2y = 20
⇒ x = 2; y = 7. Er hat 7 Zwei-Punkt-Würfe und 2 Drei-Punkt-Würfe gemacht.

⟨4⟩ *Richtig Anlegen*
x: angelegtes Geld in Fond A;   y: angelegtes Geld in Fond B
a) 0,02x + 0,045y = 490
   x + y = 12 000
   ⇒ x = 2000; y = 10 000; Fond A: 2000 €, Fond B: 10 000 €
b) Die erste Gleichung ändert sich zu: 0,015x + 0,045y = 490
   ⇒ Fond A: 1666,67 €, Fond B: 10 333,33 €

⟨5⟩ *Ein Schwimmbad*
x = Breite; y = Länge
2x + 2y = 130
3y = 10x
⇒ x = 15 m; y = 50 m

147 ⟨6⟩ *Hotelmanagement*
Anzahl der vermittelten Zimmer pro Tag: x;
Anzahl der leerstehenden Zimmer pro Tag: y
x + y = 100
Für die Jahreseinnahmen gilt: E = 365 · 60x
Für die Jahreskosten gilt: K = 150 000 + 365(30x + 10y)
Im „Break-even-Punkt" sind die Einnahmen sowie die Kosten gleich.
Also: 365(30x + 10(100 − x)) + 150 000 = 365 · 60x ⇒ x = 35,27
Das Hotel muss im Durchschnitt pro Tag 35,27, also 36 Zimmer vermieten, um kostendeckend arbeiten zu können.

⟨7⟩ *Produktion von Schokoriegeln*
a) Anzahl der verkauften Riegel: x;
   Kosten der Riegelproduktion pro Jahr: y
   Jahreseinnahmen: E = x · 0,45
   Jahreskosten: y = 925 000 + x · 0,30
   Break-even-point: x · 0,45 = 925 000 + x · 0,30
   ⇒ x = 6 166 666, also ca. 6,2 Millionen Riegel müssen mindestens verkauft werden, damit sich die Produktion rechnet.
b) x · 0,45 = 925 000 + x · 0,34
   ⇒ x = 8 409 090, der Break-even-point erhöht sich auf ca. 8,4 Millionen Riegel bei gleichbleibendem Preis.

147

8 *Schülerfirma*
Anzahl der verkauften Becher: x;
Kosten pro hergestelltem Becher: $450 + x \cdot (1{,}95 + 0{,}45)$
Break-even-Point: $210 + 3{,}50 \cdot x = 450 + x \cdot (1{,}95 + 0{,}45)$
$\Rightarrow x = 218{,}182$, somit müssen 219 Becher verkauft werden, damit sich das Geschäft lohnt.

9 *Miete und Kaution*
x = Monatsmiete; y = Kaution
$12 \cdot x + y = 9200$
$x + y = 2050$
$\Rightarrow x = 650\,€,\ y = 1400\,€$

148

10 *Altersrätsel*
a) $x = 31,\ y = 7$; die Mutter ist 31 Jahre alt, der Sohn 7 Jahre
b) Alter des Vaters: x; Alter des Sohnes: y
$y = x - 28$
$3(y + 9) = x + 9$
$\Rightarrow x = 33;\ y = 5$; der Vater ist 33 Jahre, der Sohn 5 Jahre alt.
c) Alter der Mutter: x, Alter der Tochter: y
$x = 3y$
$(x - 5) + (y - 5) = 50$
$\Rightarrow y = 15;\ x = 45$, die Mutter ist 45 Jahre, die Tochter 15 Jahre alt.

11 *Altersrätsel und Tabelle*
a) $y = 4x$
$y + 4 = 2(x + 4)$
b) $x = 2;\ y = 8$; Johanna ist heute 2 Jahre, Christoph 8 Jahre alt.

12 *Noch ein Altersrätsel*
a)

	Alter von Tim: x	Alter der Schwester: y
heute	x	$y = x - 4$
vor 6 Jahren	$x - 6$	$y - 6 = \frac{1}{2}(x - 6)$

$\Rightarrow x = 14;\ y = 10$; Tim ist heute 14 Jahre, seine Schwester 10 Jahre alt.
b) Schüleraktivität.

13 *Doppelt und Dreifach alt*

	Alter von Sebastian: x	Alter von Peter: y
heute	x	$y = 2x$
in 3 Jahren	$x + 3$	$y + 3 = 3(x + 3)$

$\Rightarrow x = -6$
Eine negative Lösung ergibt keinen Sinn. Peters Aussage kann nicht zutreffen. Überlegung: Der Altersabstand der beiden bleibt gleich; dadurch verringert sich der relative Abstand der beiden mit zunehmenden Alter. Peters Aussage stimmt deshalb nicht.

14 *Anja und Carol*
Anjas Alter: x; Carols Alter: y
$x + y = 66$
$x = 2y + 2$
$\Rightarrow x = 44{,}7;\ y = 21{,}3;$
Anja ist somit 44 Jahre und 8 Monate, Carol ist 21 Jahre und 4 Monate alt.

149 **15** *Was könnte in dem Sparschwein sein?*
a)

	50-Cent-Münze	1-Euro-Münze	insgesamt
Anzahl der Münzen	x	y	61
Wert in Cent	50·x	100·y	4800

b) $x + y = 61$
$50x + 100y = 4800$
$\Rightarrow x = 26; y = 35$; es sind 26 50-Cent-Münzen und 35 1-Euro-Münzen.

16 *Ein weiteres Münzrätsel*
a)

	50-Cent-Münze	2-Euro-Münze	insgesamt
Anzahl der Münzen	x	y	73
Wert in Cent	50·x	200·y	12350

b) $x + y = 73$
$50x + 200y = 12350$
$\Rightarrow x = 15; y = 58$; es sind 15 50-Cent-Münzen und 58 2-Euro-Münzen.

17 *Wechselgeld in einem Automaten*
Anzahl der 10-Cent-Münzen: x; Anzahl der 50-Cent-Münzen: y
$x = 6y$
$10x + 50y = 4400$
$\Rightarrow x = 240; y = 40$; es sind 240 10-Cent-Münzen und 40 50-Cent-Münzen.

18 *Zahlenrätsel*
$x + y = 85$
$x - y = 17$
$\Rightarrow x = 51; y = 34$

19 *Zahlenrätsel ohne Ende*
$y = x + 6$
$y = 4x$
$\Rightarrow x = 2; y = 8$

20 *Zweistellige Zahl gesucht*
x = Einerziffer; y = Zehnerziffer
$x = 3y$
$x + y = 12$
$\Rightarrow x = 9; y = 3$; die gesuchte Zahl ist 93.

150 **21** *Gegen- und Rückenwind*
a)

	Entfernung	Geschwindigkeit	Zeit
Gegenwind	6150 km	x − y	8,2 h
Rückenwind	6150 km	x + y	7,5 h

b) $6150 = 8{,}2 \cdot (x - y)$
$6150 = 7{,}5 \cdot (x + y)$
$\Rightarrow x = 785; y = 35$; das Flugzeug fliegt 785 km/h, die Windgeschwindigkeit beträgt 35 km/h.

150

22 *Etwas für angehende Piloten*
Flugzeuggeschwindigkeit: x; Windgeschwindigkeit: y
Geschwindigkeit: zurückgelegte Strecke pro Stunde
$x + y = \frac{4800}{5}$
$x - y = \frac{4800}{6}$
$\Rightarrow x = 880; \ y = 80;$ das Flugzeug fliegt 880 km/h, die Windgeschwindigkeit beträgt 80 km/h.

23 *Auf dem Rhein*
Geschwindigkeit des Schiffes: x; Strömungsgeschwindigkeit: y
$x + y = \frac{46}{2}$
$x - y = \frac{51}{3}$
$\Rightarrow x = 20; \ y = 3;$ das Schiff fährt 20 km/h, die Strömung ist 3 km/h schnell.

24 *Kochsalzlösung*
$x + y = 500$
$0{,}1x + 0{,}04y = 0{,}06 \cdot 500$
$\Rightarrow x = 166{,}667; \ y = 333{,}333$
Sie nimmt 333,33 ml von der 4 %igen und 166,67 ml von der 10 %igen Lösung.

151

25 *Säureherstellung*
Menge der 1 %igen Lösung: x; Menge der 4 %igen Lösung: y
$x + y = 180$
$0{,}01x + 0{,}04y = 0{,}03 \cdot 180$
$\Rightarrow x = 60; \ y = 120;$ 60 ml der 1 %igen Säure werden mit 120 ml der 4 %igen Säure vermischt.

26 *In der Apotheke*
Menge der 90 %igen Lösung: x; Menge der 10 %igen Lösung: y
$x + y = 300$
$0{,}9x + 0{,}1y = 0{,}7 \cdot 300$
$\Rightarrow x = 225; \ y = 75;$ 225 ml der 90 %igen Lösung werden mit 75 ml der 10 %igen Lösung vermischt.

27 *Voll- und Magermilch*
Menge der 3,5 %igen Milch: x; Menge der 0,3 %igen Milch: y
$x + y = 4$
$3{,}5x + 0{,}3y = 4$
$\Rightarrow x = 0{,}875; \ y = 3{,}125;$ zu 3,125 l Magermilch werden 0,875 l Vollmilch gemischt.

28 *Eine besondere Teigmischung*
Menge des Weizenmehls: x; Menge der Milch: y
$13{,}6x + 3{,}4y = 7500$
$2{,}5x + 3{,}7y = 1500$
$\Rightarrow x = 541{,}61; \ y = 39{,}45;$ der Bäcker verwendet rund 540 g Weizenmehl und 40 g Milch.

29 *Teemischung*
Menge des Tees aus Indien: x; Menge des Tees aus Sri Lanka: y
$x + y = 2000$
$2{,}5x + 3{,}5y = 2{,}8 \cdot 2000$
$\Rightarrow x = 1400; \ y = 600;$ gemischt werden 1400 g Tee aus Indien mit 600 g Tee aus Sri Lanka.

151 **Kopfübungen**
1. A und C = 20 %; B = 60 %
2. a) Trapez b) Gleichseitiges Dreieck
3. (A) und (C)
4. a) falsch b) richtig
5. 287 v. Chr.
6. $0{,}02 \cdot 0{,}02 = 0{,}0004 = 0{,}04\,\%$
7. Fläche$(x) = 3 \cdot 10 + x \cdot 5$

152 ⎡30⎤ *Experten für Verkehrssteuerung*
   a) (1) 1. Regel; Ein- und Ausgang aus dem Netz
      (2) 2. Regel, große Kreuzung oben rechts
      (3) 2. Regel, Kreuzung unten rechts
      (4) 2. Regel, Kreuzung unten links
      (5) 2. Regel, Kreuzung oben links
   b) Zunächst werden die Gleichungen mit einer Variable gesucht, da sich diese sofort berechnen lassen.
      (3) $\Rightarrow x_4 = 25$; (2) $\Rightarrow x_1 = 45$, diese Werte werden in andere Gleichungen eingesetzt:
      (5) $85 = 45 + x_2 \Rightarrow x_2 = 40$
      (4) $40 + x_3 = 70 + 30 \Rightarrow x_3 = 60$
   Zusammenfassung: $x_1 = 45$, $x_2 = 40$, $x_3 = 60$, $x_4 = 25$

⎡31⎤ *Mitgliedsbeiträge in einem Sportverein*
Beitrag Erwachsener: x; Beitrag Jugendlicher: y
Vorschlag: Erwachsene zahlen doppelt so viel wie Jugendliche
$1\,500\,x + 1\,000\,y = 30\,000$
$x = 2y$
$\Rightarrow x = 15$; $y = 7{,}50$
Somit müsste der ursprüngliche Preis für Erwachsene um mindestens 50 % angehoben werden, um die Kosten zu decken. Das ist schwer vertretbar, andere Modelle sind geeigneter. Da das ursprüngliche Preisverhältnis bei $1 : \frac{5}{3}$ lag, sollte das neue Preisverhältnis von Jugendlichen und Erwachsen zwischen $\frac{5}{3}$ und $\frac{6}{3}$ liegen.

153 ⎡32⎤ *Kalkulation eines Konzertes*
   a) Höchstens 10 000 Karten können verkauft werden; die Karten für den 1. Rang sollten die teuersten sein. Der Veranstalter sollte bedenken, dass auch für seine Arbeit noch ein Gewinn übrig bleiben sollte.
   b) Karten im 1. Rang: x; Karten im 2. Rang: y
      $x + y = 10\,000$
      Gesamteinnahmen: $36x + 28y$
      Kosten: $20\,000 + 0{,}75\,(36x + 28y) + 50\,000$
      $36x + 28y - (20\,000 + 0{,}75\,(36x + 28y) + 50\,000) = 5\,000$
      $9x + 7y = 75\,000$
      $x = 2\,500$; $y = 7\,500$; verkauft werden 2 500 Karten im 1. Rang und 7 500 Karten im 2. Rang.

4.3 Lineare Ungleichungen und lineares Optimieren

154

1 *Hinter den Theaterkulissen*
a) Die Kosten in Höhe von 19 916,45 €
   liegen noch im Rahmen des Budgets.
b) Die Punkte auf der Geraden entsprechen einer Gesamtausgabe von genau 20 000 €.
c) Zur Lösungsmenge der Ungleichung gehören alle Punkte unterhalb der Geraden; also gehört P zur Lösungsmenge und Q nicht. Zur Lösung des Sachproblems gehören allerdings nur die Punkte, für die zusätzlich $x \geq 0$, $y \geq 0$ gilt, das sind die Punkte im Dreieck, das aus den beiden Koordinatenachsen und der Geraden gebildet wird.

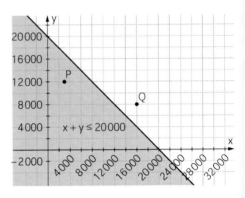

2 *Ungleichungen*
a) Die Gebiete enthalten jeweils alle Punkte, für die gilt:
   (1) $x \leq 2$
   (2) $x \leq 2$
       $y \leq 1$
   (3) $y \geq x$
   (4) $y \geq x$
       $y \leq 2$

b)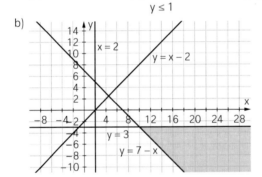

155

3 Lösen mithilfe eines Diagramms

a)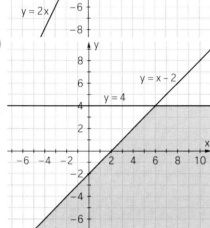

b)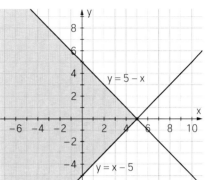

c)

d)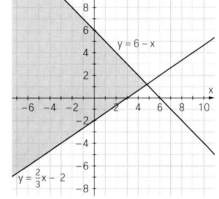

4 Lösung und Ungleichungssystem
1) $y \leq 2x$
   $y \leq -2x + 4$
   $y > -3$

2) $y \leq 2$
   $y \geq 2x - 4$
   $y > -x - 1$

5 Ferienjob

a) x = Anzahl der Arbeitsstunden im Supermarkt
   y = Anzahl der Arbeitsstunden in der Bibliothek
   Die Ungleichung drückt aus, dass der Gesamtverdienst aus den beiden Tätigkeiten mindestens 120 € betragen soll.

b) $x + y \leq 30$
   Eine Möglichkeit ist z. B. 15 Stunden Arbeit im Supermarkt und 10 Stunden in der Bibliothek; Verdienst: 165 €.

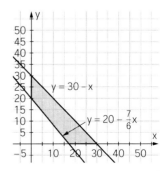

156

6 *Aus der Geschäftswelt*
a) $100x + 60y \geq 1500$
   $x + y \geq 20$
b)
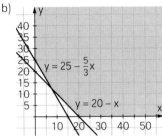

c) $100x + 60 \cdot 15 \geq 1500$
   $\Rightarrow x \geq 6$
   Es müssen also noch mindestens 6 Elektrorasenmäher verkauft werden.

7 *Kostenkalkulation für ein Jahrbuch*
a) x = Anzahl der schwarz-weißen Seiten
   y = Anzahl der farbigen Seiten
   $y \geq \frac{x}{2}$
   $y \leq 40$
   $x + y \geq 80$

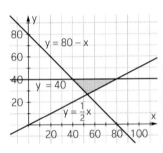

b) Lösungen sind z. B.
   50 schwarz-weiße Seiten und 30 farbige Seiten
   (ausgewogene Mischung);
   80 schwarz-weiße Seiten und 40 farbige Seiten (maximale Seitenzahl);
   je 40 schwarz-weiße und farbige Seiten (größtmöglicher Farbanteil);
   53 schwarz-weiße Seiten und 27 farbige Seiten (minimale Kosten).

8 *Fahrradfabrikant*
a) $3A + 3B \leq 4200$
   $A \geq 0$
   $A + 2B \leq 2000$
   $B \geq 0$
   $2A + B \leq 2000$

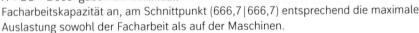

b) Die Punkte auf der Geraden
   $2A + B = 2000$, also z. B. (900|200)
   oder (800|400), geben die optimale
   Auslastung der Maschinen an.
   Die Punkte auf der Geraden
   $A + 2B = 2000$ geben die maximale
   Facharbeitskapazität an, am Schnittpunkt (666,7|666,7) entsprechend die maximale
   Auslastung sowohl der Facharbeit als auf der Maschinen.
c) Man würde möglichst viele Fahrräder vom Typ A produzieren, aber dabei auch eine
   möglichst hohe Nutzung der Kapazitäten von Beschäftigten und Maschinen
   berücksichtigen.

156 9 Koordinatengeometrie

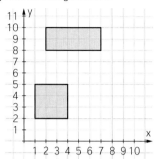
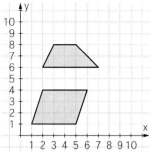

Quadrat:	Rechteck:	Parallelogramm:	Trapez:
$x \geq 1$	$x \geq 2$	$y \leq 3x - 2$	$y \leq 8$
$x \leq 4$	$x \leq 7$	$y \geq 3x - 14$	$y \geq 6$
$y \geq 2$	$y \geq 8$	$y \leq 4$	$y \leq 2x + 2$
$y \leq 5$	$y \leq 10$	$y \geq 1$	$y \leq -x + 13$

157 10 Gruppenarbeit zum linearen Optimieren

- Nebenbedingungen sind beschränkende Faktoren, wie im Beispiel die zugelassene Zuschauerzahl und die Platzanzahlen.
- Das Planungsvieleck ist der von den Geraden der Nebenbedingungen eingegrenzte Bereich, in dem alle zulässigen Lösungen liegen.
- Die Zielfunktion stellt die Bedingung dar, die unter Berücksichtigung der Nebenbedingungen optimiert werden soll, im Beispiel sind das die Einnahmen, die möglichst hoch sein sollen.

Die Randgeraden zeichnet man, indem man die Ungleichheitszeichen der Nebenbedingungen durch Gleichheitszeichen ersetzt und die sich daraus ergebende Gerade zeichnet, z. B. gehört zu der Nebenbedingung $x + y \leq 30\,000$ die Randgerade $y = 30\,000 - x$.

158 11 Elektronikmarkt

Eckpunkt	Z(x, y)
(0|0)	0
(250|0)	11 250
(200|50)	11 500 Max.
(0|175)	8 750

200 Monitore von Typ A und 50 Monitore von Typ B sollten bestellt werden.

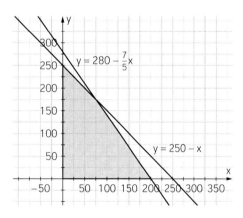

Kapitel 5
Reelle Zahlen

Didaktische Hinweise

Mit den reellen Zahlen erfahren die Zahlbereichserweiterungen im Kerncurriculum der Sek. I einen vorläufigen Abschluss. Auch wenn für viele Anwendungen in der Regel nur Näherungswerte für irrationale Zahlen von Bedeutung sind, so stellen sie doch ein interessantes Gebiet dar, in dem Schülerinnen und Schüler einen altersgemäßen Zugang zu Eigenschaften von Zahlen gewinnen können. Dieser erschließt sich eher durch theoretische Überlegungen und ermöglicht so einen Einblick in Fragen der „reinen" Mathematik. Erstaunlicherweise sind Schülerinnen und Schüler gerade für Fragestellungen im Zusammenhang mit irrationalen Zahlen offen, entziehen diese sich doch häufig der unmittelbaren Anschauung oder stehen z. T. scheinbar im Widerspruch zu dieser und sind gleichzeitig geeignet, den Horizont zu erweitern.

Aufgebaut ist dieses Kapitel in drei Lernabschnitte, wobei sich der erste eher auf das praktische Rechnen mit und Anwenden von irrationalen Zahlen bezieht (**5.1** *Von den rationalen zu den irrationalen Zahlen*). Der zweite Lernabschnitt (**5.2** *Wurzeln, Näherungsverfahren und Beweise*) rückt mehr die Eigenschaften von irrationalen Zahlen in den Blickpunkt und ist somit stärker theoretisch orientiert. Der abschließende Lernabschnitt **5.3** *Rechnen mit Wurzeln* nimmt sich der besonderen Eigenschaften von Wurzeln beim Rechnen an und führt abschließend die Anwendungen von irrationalen Zahlen beim „Goldenen Schnitt" zu einem vorläufigen Höhepunkt.

In der Regel haben eine Reihe von Schülerinnen und Schüler eine „Anmutung" von irrationalen Zahlen. Die meisten antworten auf die Frage, ob es eine Zahl gibt, deren Quadrat gleich 5 ist, dass es eine solche Zahl gibt und dass diese etwa 2,2 beträgt. In Lernabschnitt **5.1** werden in der ersten grünen Ebene Probleme aufgeworfen, bei deren Lösung man zwangsläufig auf Gleichungen stößt, deren Lösungen irrational sind. Die Existenz von irrationalen Zahlen wird zunächst stillschweigend vorausgesetzt. Das Wurzelzeichen wird als Schreibweise für die „neuen" Zahlen eingeführt, und diese Zahlen werden beim Lösen von Problemen verwendet. In Spezialfällen führen „Wurzeln" auf natürliche, und somit rationale Zahlen. In diesem ersten Lernabschnitt kann man im Aufgabenbereich anhand verschiedener interessanter Situationen erfahren, dass irrationale Zahlen in vielen Sachzusammenhängen von großer Bedeutung sind. Bei den Aufgaben sollte man sich auch nicht davor scheuen, in einem „dezenten" Vorgriff z. B. auch Aufgaben aus dem Umfeld der Kreisberechnung (Aufgabe 11) oder dem Satz des Pythagoras (Aufgabe 17) zu verwenden). Dass im Zentrum der Betrachtungen dabei zumeist Quadratwurzeln stehen, liegt daran, dass diese häufig in konkreten Situationen vorkommen. Im Basiswissen auf der Seite 166 und in der einen oder anderen Aufgabe wird aber deutlich, dass es weitere irrationale Zahlen gibt – unter diesen auch solche, die man sogar „konstruieren" kann.

Verfahren zur näherungsweisen Bestimmung von Wurzeln haben die Menschen schon immer beschäftigt. Daher ist der Lernabschnitt **5.2** (als Zusatzstoff) unter anderem diesen Verfahren gewidmet und bietet neben der Entwicklung von Näherungsverfahren auch breite Möglichkeiten, diese „modern", also mit Hilfe von einer Tabellenkalkulation, DGS oder dem GTR, auszuführen. Auf diese Weise können die Schülerinnen und Schüler selbstständig erkunden, wie die jeweiligen Iterationsverfahren vom Startwert abhängig sind, und ob es „schnellere" oder „langsamere" Näherungsverfahren gibt. Versäumen sollte man dabei nicht, erste Schritte der Berechnung „händisch" ausführen zu lassen. Nur so kann ein tieferes Verständnis der jeweiligen iterativen Verfahren erreicht werden. Dass dabei die Erfahrungen mit Iterationen und deren Anwendungen gleichzeitig die außerordentlich wichtige Leitlinie „Iterationen" weiter ausbauen, versteht sich von selbst.

In der zweiten grünen Ebene dieses Abschnittes treten neben den Quadratwurzeln auch Wurzeln dritten, vierten und höheren Grades (Aufgabe 16 und 17) auf und lassen die Schülerinnen und Schüler entdecken, dass sich mit den irrationalen Zahlen eine neue „Welt von Zahlen" erschließt.

In Lernabschnitt **5.2** geht es aber auch und ganz wesentlich um Eigenschaften der irrationalen Zahlen und wie sich diese Eigenschaften – inklusive der Irrationalität selbst – beweisen lassen. Einer der schönsten und elegantesten Beweise ist der Euklidische Beweis der Irrationalität von $\sqrt{2}$. Dieser Beweis ist ein Beispiel für einen „indirekten Beweis". Die Technik des „indirekten" und des „direkten Beweises" sind Thema dieses Lernabschnittes (vgl. das Basiswissen auf S. 178 und 179). Ziel ist es, verschiedene Beweistechniken in der Mathematik kennen zu lernen, Beweise zu analysieren und unterschiedliche Beweistechniken anwenden zu können, um so die Fähigkeiten zum Argumentieren, Begründen und Beweisen weiter zu entwickeln. Nicht gedacht ist daran, Beweise auswendig wiedergeben zu können. Für Überprüfungen in Form von Tests und Klassenarbeiten eignet sich die Analyse von Beweisen (Um welche Beweistechnik handelt es sich?) bzw. das Fortsetzen von Beweisen (Wie könnte es weiter gehen?).

Das Kapitel schließt ab mit dem Lernabschnitt **5.3** *Rechnen mit Wurzeln* (als Zusatzstoff). Im Alltag rechnet man in der Regel nicht mit irrationalen Zahlen, sondern mit rationalen Näherungswerten. Dennoch ist die Beschäftigung mit dem Rechnen mit irrationalen Zahlen am Beispiel der Quadratwurzeln spannend, da sich Rechenregeln, die auf der Hand zu liegen scheinen, als falsch erweisen, andere wiederum bestätigen. Rechenregeln zu entdecken, zu erforschen und zu überprüfen ist motivierend. Beweise durch Nachrechnen verlangen zumeist einige Kenntnisse der Algebra, die auf diesem Wege wiederholt werden können (z.B. die binomischen Formeln, Distributivgesetz usw.). Quadratwurzelterme motivieren zudem die Frage nach der Definitionsmenge. Einen schönen Zugang, der es ermöglicht, dass die Schülerinnen und Schüler sich für das Thema „Definitionsmenge eines Wurzelterms" interessieren, ermöglichen GTR bzw. DGS. Zeichnet man die Graphen von Wurzelfunktionen (Aufgabe 14), so stimulieren die z. T. überraschenden Ergebnisse eine intensivere Beschäftigung mit Wurzeltermen. Die Auswertung der Terme $(\sqrt{x})^2$ bzw. $\sqrt{x^2}$ für verschiedene x lädt ein zu Vermutungs- und Begründungsaktivitäten (Aufgabe 19).

Eine besonders schöne Anwendung für Wurzeln ist der „Goldene Schnitt", der in der Kunst seit Jahrhunderten, wenn nicht seit Jahrtausenden immer wieder diskutiert und angewendet wird. Dieses Thema lässt sich zu einem fachübergreifenden Projekt mit einer Ausstellung sowohl der mathematischen als auch der künstlerischen Ergebnisse ausbauen. Diese Chance sollte man sich an dieser Stelle nicht entgehen lassen, ist ein solches fächerübergreifendes Projekt (S. 187) doch eine Bereicherung der mehr theoretisch orientierten Beschäftigung mit irrationalen Zahlen.

5 Reelle Zahlen

Lösungen

5.1 Von den rationalen zu den irrationalen Zahlen

164

1 *Das kannst du noch – Aktivitäten rund um rationale Zahlen*
(1) $\frac{1}{2} < \frac{3}{4} < \frac{4}{3} < \frac{24}{12} < \frac{17}{6}$
(2) a) 14,25   b) 3,4565   c) $\frac{47}{72}$ d) $\frac{ad+cb}{2bd}$
(3) a) z. B. $\frac{31}{180}, \frac{32}{180}, \frac{33}{180}, \frac{34}{180}, \frac{35}{180}$
   b) z. B. $\frac{56}{330}, \frac{57}{330}, \frac{58}{330}, \frac{59}{330}, \frac{60}{330}, \frac{61}{330}, \frac{62}{330}, \frac{63}{330}, \frac{64}{330}, \frac{65}{330}$
   c) Unendlich viele

2 *Aus Zwei mach Eins – Quadrate führen zu einer seltsamen Entdeckung*
a) Es entsteht ein Quadrat mit einer Seitenlänge, die der rot gestrichelten Linie (Diagonale) in den Quadraten im Schülerband entspricht und einen Flächeninhalt von 50 cm² hat.
b) Der Flächeninhalt des großen Quadrats beträgt 50 cm². Messungen ergeben eine Seitenlänge von ungefähr 7,1 cm. Ein Quadrat mit 7,1 cm Seitenlänge hätte aber eine Fläche von 50,41 cm².
c) Roberts Wert $\frac{283}{40}$ cm für die Seitenlänge ist zwar ein besserer Näherungswert, aber immer noch etwas zu groß. Das Quadrat hätte einen Flächeninhalt von 50,055 625 cm².
d) Dieser Aufgabenteil führt zur *Idee (!) der Intervallschachtelung*. Für Werte, die über einen funktionalen Zusammenhang gegeben sind, bei denen man aber die auftretenden Gleichungen (noch) nicht exakt lösen kann (Hier z. B. $x^2 = 50$ mit der irrationalen Lösung $x = \sqrt{50}$) nähert man sich schrittweise dieser Zahl, „die mit sich selbst multipliziert 50 ergibt": So erhält man mit $7,071\,06^2 = 49,999\,889\,52$ eine fünfstellige Dezimalzahl, die etwas kleiner ist als 50, die nächstgrößere fünfstellige Dezimalzahl $7,071\,07^2 = 50,000\,030\,94$ ist aber bereits größer als 50. Dazwischen gibt es keine weitere fünfstellige Dezimalzahl. Es gibt aber Dezimalzahlen, die zwischen diesen Werten liegen, z.B. die sechsstellige Dezimalzahl 7,071 06**5** – oder eben auch zehnstellige Dezimalzahlen. Aber auch hier sehen die Schülerinnen und Schüler, dass sich entweder eine zu kleine oder eine zu große zehnstellige Dezimalzahl ergibt:
$7,071\,067\,811\,9^2 \approx 50,000\,000\,000\,49 > 50$, aber $7,071\,067\,811\,8^2 < 49,999\,999\,999\,07$.
Die Schülerinnen und Schüler erkennen unter Umständen, dass man sich auf diese Weise der gesuchten Zahl immer weiter nähern kann. Unklar bleibt, ob man diese mit hinreichend vielen Dezimalstellen exakt erreichen kann.

3 *Gleichungen lösen*
a) (1) $x = 9$ oder $x = -9$ (2) $x = 0$
   (3) $x = 0,2$ oder $x = -0,2$ (4) $x \approx 2,236$ oder $x \approx -2,236$
   (5) keine Lösung   (6) $x \approx 3,162$ oder $x \approx -3,162$
b) Die Gleichungen können als Lösung sowohl eine Zahl als auch deren Gegenzahl haben, da sowohl „plus mal plus" als auch „minus mal minus" eine positive Zahl ergibt. Gleichung (2) hat als Lösung nur die Null, da die Null keine Gegenzahl hat; Gleichung (5) hat keine Lösung, da das Quadrat einer Zahl nie negativ ist.

165 ④ *Mathematik ohne Worte*
a) Über der Zahlengerade wird ein Quadrat mit der Seitenlänge 1 gezeichnet. Die Diagonallänge wird vom Nullpunkt aus auf der Zahlengeraden abgetragen. Die Diagonale ist gerade die Grundseite des Quadrats, das den doppelten Flächeninhalt wie das Ausgangsquadrat, also 2 hat.
Beim Versuch $\sqrt{2}$ als abbrechende Dezimalzahl darzustellen, stellt man fest, dass dies nicht möglich ist. Wenn man die Probe macht und wieder quadriert, erhält man nicht genau 2.
b) Man zeichnet entsprechend Teilaufgabe a) ein Quadrat mit der Seitenlänge 2 cm (3 cm) und erzeugt daraus ein Quadrat mit doppeltem Flächeninhalt, hier 8 (18). Daraus ergibt sich dann, wie in a), die Seitenlänge $\sqrt{8}$ ($\sqrt{18}$).

⑤ *Stellenjäger*
a) $4{,}12 < a < 4{,}15$
Probe: $4{,}12^2 = 16{,}97$; $4{,}15^2 = 17{,}22$
$4{,}122 < a < 4{,}135$
Probe: $4{,}122^2 = 16{,}991$; $4{,}135^2 = 17{,}098$
Es ist erkennbar, dass keine Zahl, unabhängig von der Anzahl der Nachkommastellen, genau 17 ergibt. Beim Quadrieren verdoppelt sich die Anzahl der Nachkommastellen, also führt eine höhere Zahl von Nachkommastellen auch nicht zu einer natürlichen Zahl.
b) $9 < a < 10$
Probe: $9^2 = 81$; $10^2 = 100$
$9{,}4 < a < 9{,}5$
Probe: $9{,}4^2 = 88{,}36$; $9{,}5^2 = 90{,}25$
$9{,}48 < a < 9{,}49$
Probe: $9{,}48^2 = 89{,}8704$; $9{,}49^2 = 90{,}0601$
$9{,}486 < a < 9{,}487$
Probe: $9{,}486^2 = 89{,}9842$; $9{,}487^2 = 90{,}0032$
Die Seitenlänge liegt zwischen 9,486 m und 9,487 m
c) $2 < a < 3$
Probe: $2^3 = 8$; $3^3 = 27$
$2{,}1 < a < 2{,}2$
Probe: $2{,}1^3 = 9{,}261$; $2{,}2^3 = 10{,}648$
$2{,}15 < a < 2{,}16$
Probe: $2{,}15^3 = 9{,}9384$; $2{,}16^3 = 10{,}0777$
$2{,}154 < a < 2{,}155$
Probe: $2{,}154^3 = 9{,}9939$; $2{,}155^3 = 10{,}0079$
Die gesuchte Länge beträgt etwa 2,154 cm.

167 ⑥ *Wurzeln – rational oder irrational?*
a) 12 b) 22,361 c) 1,4 d) $\frac{4}{5}$ e) $\approx 0{,}316$
f) $\approx 5{,}477$ g) 4,5 h) 0,354 i) 1,1 j) $\frac{5}{25} = \frac{1}{5}$

⑦ *Gleichungen*
a) $x = 9$ oder $x = -9$
b) $x = 3$ oder $x = -3$
c) $x = \frac{7}{3}$ oder $x = -\frac{7}{3}$
d) $x \approx 7{,}348$ oder $x \approx -7{,}348$
e) $x \approx 2{,}828$ oder $x \approx -2{,}828$
f) $x \approx 1{,}342$ oder $x \approx -1{,}342$
g) $x \approx 3{,}162$ oder $x \approx -3{,}162$
h) $x \approx 2{,}236$ oder $x \approx -2{,}236$

⑧ *Ganzzahlige Näherungswerte*
a) 7 und 8 b) 5 und 6 c) 10 und 11 d) 14 und 15 e) 20 und 21

167 ⟨9⟩ *Der Größe nach ordnen*
5,9 < $\sqrt{35}$ < 6

⟨10⟩ *Zum Nachdenken und Probieren*
a) Jan hat Unrecht, da es Wurzeln gibt, die rational sind, z.B. $4^2 = 16$; $5^2 = 25$.
b) Daniella hat Recht, da diese Zahlen alle als $\frac{a}{10}$ darstellbar sind, wobei a die Zahl nach dem Komma ist, und 10 keine rationale Wurzel hat.

168 ⟨11⟩ *Die berühmte Zahl π*
a) Die rote Markierung stellt den Umfang des Rades dar.
b) Ja, für die damalige Zeit war es die beste Näherung, die ersten 2 Nachkommastellen stimmen (3,14).
c) π ist nicht als Bruch darstellbar.

⟨12⟩ *Rund um natürliche, ganze, rationale und irrationale Zahlen*
a) Nein, entweder oder.
b) Nein, sondern natürlich: 12.
c) Nein, irrational, nicht als Bruch darstellbar.
d) Nein, es ist eine rationale Zahl, da sie als Bruch darstellbar ist
e) Nein, die reellen Zahlen umfassen alle rationalen und irrationalen Zahlen.

169 ⟨13⟩ *Was bin ich?*

	natürlich	ganz	rational	irrational	reell
$\frac{7}{3}$			✗		✗
2	✗	✗	✗		✗
$\sqrt{2}$				✗	✗
0,333...			✗		✗
−8		✗	✗		✗
$\sqrt{\frac{36}{25}}$			✗		✗
$-\sqrt{16}$		✗	✗		✗
π				✗	✗
0,3252252225				✗	✗

⟨14⟩ *Probe durch Potenzieren*
a) 5·5·5 = 125
b) 110·110 = 12 100
c) 10·10·10·10 = 10 000
d) 2·2·2·2·2·2·2·2·2·2 = 1 024
e) 10·10·10·10·10·10 = 1 000 000

⟨15⟩ *Was bedeutet …?*
a) 1,975·1,975·1,975·1,975·1,975 = 30,0493789
b) 2,155·2,155·2,155·2,155·2,155·2,155 = 100,157
c) 1,162·1,162·1,162·1,162·1,162·1,162·1,162·1,162·1,162·1,162·1,162
·1,162·1,162·1,162·1,162·1,162·1,162·1,162 = 20,1429
d) 8,062·8,062 = 65
e) 0,1·0,1·0,1 = 0,001

170 **16** *Überschlagsrechnung*
a) ≈ 4,5 cm   b) ≈ 4,2 m   c) ≈ 24,5 km   d) ≈ 31,6 cm

17 *An einem klaren Tag am Meer*
a) Man sieht ungefähr 4,56 km weit.

b)
Augenhöhe h in m	5	10	20	40	80
Sichtweite w in km	8,06	11,40	16,13	22,80	32,25

Wenn sich die Höhe vervierfacht, verdoppelt sich die Sichtweite.

18 *Oberfläche*
a) 6 cm   b) ≈ 8,94 cm   c) 10 cm   d) ≈ 11,83 cm

Kopfübungen
1. 35%; $\frac{35}{100}$; $\frac{7}{20}$
2. 16 Winkel: 8 Winkel mit 105°, 8 Winkel mit 75°
3. a) $\frac{3}{8} \cdot 8 = 3$;   b) $2 : \frac{2}{7} = 7$
4. 1 dm², 1 m², 1 ha
5. a) 7;   b) 4;   c) −2;   d) −5
6. 90 min
7. (A), und (C)

171 **19** *Zum Knobeln und Ausprobieren*
a) Im 19. Jahrhundert war nur die Jahreszahl 1849 eine Quadratzahl. De Morgan wurde deshalb im Jahre 1806 geboren und war im Jahr 1849 = 43² also 43 Jahre alt.
b) Nach dem Jahre 2025 = 45² könnten die 1980 geborenen Menschen De Morgans Ausspruch machen.

20 *Die Kantenlänge eines Würfels*
a) (1) 1 cm   (2) 2 cm   (3) ≈ 2,15 cm   (4) 3 dm
b) Beispiele: V = 64 cm³; a = 4 cm
   V = 216 m³; a = 6 m
   Etc.
c) $2 < \sqrt[3]{20} < 3$
   $4 < \sqrt[3]{80} < 5$
   $5 < \sqrt[3]{200} < 6$

21 *Nichtabbrechende Dezimalzahlen – genau hingeschaut*
a) 0,3333333...; 2,21272727..., somit ist nicht jede nichtabbrechende Dezimalzahl eine irrationale Zahl.
b) Schüleraktivität.

5.2 Wurzeln, Näherungsverfahren und Beweise

172 (1) *Der älteste bekannte Beweis, dass $\sqrt{2}$ nicht rational sein kann*

Die *Ich-Du-Wir-Methode* (oft auch think-pair-share-Methode genannt) ist eine gute Möglichkeit bei Problemlöseaufgaben das eigene Durchdenken einer möglichen Problemlösung zu fördern, indem die Phase des Verstehens der Problemstellung individualisiert wird (Ich- bzw. think-Phase). Bei der vorliegenden Aufgabe geht es zwar „nur" um das Nachvollziehen eines mathematischen Beweises, aber jedes nicht oder nicht vollständig von den Schülerinnen und Schüler verstandene Argument kann einen Problemlöseprozess provozieren.

Das grundsätzliche Verstehen eines Widerspruchsbeweises ist für Schülerinnen und Schüler dieses Alters nicht einfach und alles andere als selbstverständlich. Zum einen wird die zweiwertige Logik und das „tertium non datur", also der Satz vom „ausgeschlossenen" Dritten, nicht unbedingt in der bei einem Widerspruchsbeweis benötigten Absolutheit akzeptiert.

Ebenso wird oft nicht wirklich verstanden, warum bei einem logischen Widerspruch aus einer „Teilbarkeitseigenschaft" auf die „Irrationalität", also eine völlig andere Eigenschaft dieser Zahl, geschlossen werden kann. Letztlich ist für viele Schülerinnen und Schüler bereits das Nachvollziehen einzelner Beweisschritte schwierig und sie verlieren „das große Ganze" aus dem Blick.

Auch wenn somit nicht zu erwarten ist, dass alle Schülerinnen und Schüler diesen Beweis „verstehen", lohnt sich eine Beschäftigung, da es zum einen um ein Stück Kulturgeschichte und mathematische Allgemeinbildung geht. Aber auch, weil bereits die „kleinen Problemlöseschritte", die das schrittweise Nachvollziehen der Erklärung überhaupt erst ermöglichen, kognitiv aktivierend sind und die Argumentations- und Problemlösekompetenz der Schülerinnen und Schüler fördern.

173 (2) *Verwandeln in Rechtecke gleichen Flächeninhalts*

a)

a (in cm)	b (in cm)
9	1
5	1,8
3,4	≈ 2,64706
≈ 3,02353	≈ 2,97665

Das vierte zeichnerisch erhaltene Rechteck ist von einem Quadrat mit der Seitenlänge 3 cm nicht mehr zu unterscheiden.

b)

a (in cm)	b (in cm)
≈ 3,00009	≈ 2,99991
≈ 3,0000	≈ 3,0000
3,0000	≈ 3,0000

Da sich a und b immer merh annähern, ist die Näherungsfigur ein Quadrat.

c)

a (in cm)	b (in cm)
6	2
4	3
3,5	≈ 3,4286
≈ 3,4643	≈ 3,4639
≈ 3,4641	≈ 3,4641

Es entsteht ein Quadrat mit einer Seitenlänge von näherungsweise 3,4641 cm.

173 [3] „Zahlenraten"
a) Schüleraktivität.
b) Fortsetzung des Beispiels:
c = 38
3. Frage: Liegt die gesuchte Zahl zwischen 26 und 38?   Nein!
a = 39, b = 50 ⇒ c = 44,5
4. Frage: Liegt die gesuchte Zahl zwischen 39 und 44?   Ja!
a = 39, b = 44 ⇒ c = 41,5
5. Frage: Liegt die gesuchte Zahl zwischen 39 und 41?   Ja!
a = 39, b = 41 ⇒ c = 40
6. Frage: Ist die gesuchte Zahl eine der beiden Zahlen 39 und 40?   Ja!
a = 39, b = 40 ⇒ c = 39,5
7. Frage: Heißt die gesuchte Zahl 39?   Ja!
c) 1. Frage: Liegt die zu erratende Zahl zwischen 0 und 10?   Ja!
a = 0, b = 10 ⇒ c = 5
2. Frage: Liegt die zu erratende Zahl zwischen 0 und 5?   Ja!
a = 0, b = 5 ⇒ c = 2,5
3. Frage: Liegt die zu erratende Zahl zwischen 0 und 2,5?   Nein!
Mache weiter mit a = 2,5 und b = 2,5 + 1 = 3,5
4. Frage: Liegt die zu erratende Zahl zwischen 2,5 und 3,5?   Ja!
a = 2,5, b = 3,5 ⇒ c = 3
5. Frage: Ist die zu erratende Zahl zwischen 2,5 und 3,75?   Ja!
a = 2,5, b = 3,75 ⇒ c = 3,125
...

175 [4] *Heronsches Näherungsverfahren per Hand*

a)

untere Intervallgrenze x	obere Intervallgrenze y	Mittelwert aus x und y	Wo liegt $\sqrt{30}$?
5	6	5,5	$5,5^2 = 30,25$
5	5,5	5,25	$5,25^2 = 27,5625$
5,25	5,5	5,375	$5,375^2 = 28,896025$
5,375	5,5	5,4375	$5,4375^2 = 29,5664$
5,4375	5,5	5,46875	$5,46875^2 = 29,9072$

b)

untere Intervallgrenze x	obere Intervallgrenze y	Mittelwert aus x und y	Wo liegt $\sqrt{85}$?
9	10	9,5	$9,5^2 = 90,25$
9	9,5	9,25	$9,25^2 = 85,5625$
9	9,25	9,125	$9,125^2 = 82,266$
9,125	9,25	9,1875	$9,1875^2 = 84,984$
9,1875	9,25	9,21875	$9,21875^2 = 84,984$

c)

untere Intervallgrenze x	obere Intervallgrenze y	Mittelwert aus x und y	Wo liegt $\sqrt{200}$?
14	15	14,5	$14,5^2 = 210,25$
14	14,5	14,25	$14,25^2 = 203,0625$
14	14,25	14,125	$14,125^2 = 199,5156$
14,125	14,25	14,1875	$14,1875^2 = 201,2852$
14,125	14,1875	14,15625	$14,15625^2 = 200,3994$

d) Startwert 10 $\sqrt{100} = 10$

175 (5) *Das Heron-Verfahren ist schnell*
a) $\sqrt{12}$
b) 5 Iterationsschritte
c)

Untere Intervallgrenze	Obere Intervallgrenze	Mittelwert aus x und y	Wo liegt $\sqrt{12}$ bezüglich des Mittelwertes?	
3,4375	3,5	3,46875	$3,46875^2 = 12,0322$	links
3,4375	3,46875	3,453125	$3,453125^2 = 11,9240$	rechts

Das Heron-Verfahren ist schneller.

(6) *Das vereinfachte Heron-Verfahren*
a) Grenzen: 1; 12
$x_1 = 0,5 \cdot \left(12 + \frac{12}{12}\right) = 6,5$
$x_2 = 0,5 \cdot \left(6,5 + \frac{12}{6,5}\right) = 4,1731$
$x_3 = 0,5 \cdot \left(4,1731 + \frac{12}{4,1731}\right) = 3,5243$
$x_4 = 0,5 \cdot \left(3,5243 + \frac{12}{3,5243}\right) = 3,4646$
$x_5 = 0,5 \cdot \left(3,4646 + \frac{12}{3,4646}\right) = 3,4641$

Die Ergebnisse entsprechen den Ergebnissen in der Tabelle.

b) Die zweite Gleichung, die Berechnung von B_n, ist durch den Term $\frac{a}{x_n}$ in der Formel vertreten, damit entspricht die eine Formel den zweien aus dem Basiswissen. Der Mittelwert spiegelt sich in der Multiplikation mit 0,5 wider.

(7) *Das Heron-Verfahren mit nur einer Iterationsgleichung*

Iteration	Näherungswert
1	6,5
2	4,173076923
3	3,52432648
4	3,464616186
5	3,464101653
6	3,464101615
7	3,464101615
8	3,464101615
9	3,464101615
10	3,464101615

176

8 *Iterationen mit digitalen Werkzeugen erforschen*

A

Iteration	Näherungswert
1	45,5
2	23,73901098901099
3	13,765119428077998
4	10,151692265712274
5	9,508604615103397
6	9,486857905512131
7	9,48683298053788

Nach 7 Schritten hat man eine Näherung, die auf 6 Nachkommastellen genau ist.

B Je geeigneter der Startwert gewählt wurde, desto weniger Iterationsschritte werden benötigt, um sich zu nähern. Der Startwert ist umso geeigneter, je näher er an der endgültigen Lösung dran ist, spielt aber keine große Rolle.

C Bei einem negativen Startwert erhält man auch ein negatives Ergebnis. Dessen Quadrat ist ebenfalls gleich dem Radikand.

9 *Das wusste bereits Archimedes*

a) $\sqrt{3} \approx 1{,}7320508 \qquad \frac{265}{153} \approx 1{,}7320261 \qquad \frac{1351}{780} \approx 1{,}7320512$

Die Näherungswerte sind auf 4 bzw. 5 Stellen genau.

b) $x_1 = 2$; $x_2 = \frac{7}{4}$; $x_3 = \frac{76}{56}$; $x_4 = 1{,}783835$; $x_5 = 1{,}73280$; $x_6 = 1{,}732051$

Man erhält also nach sechs Schritten eine Genauigkeit von fünf Nachkommastellen.

177

10 *Beweisen in der Algebra*

a) Bei der **Begründung 1** werden drei Beispiele aufgelistet. Es könnte viele weitere Beispiele geben, die die Behauptung widerlegen. Ähnlich verhält es sich mit **Begründung 2**. Es kann nicht ausgeschlossen werden, dass durch weitere Suche doch ein Gegenbeispiel gefunden wird.

Begründung 3 dagegen umfasst alle Zahlen, da für a und b jede beliebige gerade Zahl ausgewählt werden kann. Das ist ein Beweis der Behauptung.

b) a ungerade $\Rightarrow a = 2n + 1$
   b ungerade $\Rightarrow b = 2m + 1$
   $\Rightarrow a \cdot b = (2n+1)(2m+1) = 4mn + 2m + 2n + 1$
   $= 2(2mn + m + n) + 1$

Der erste Summand des Ergebnisses ist durch 2 teilbar, also eine gerade Zahl. Durch Addition von 1 ergibt sich eine ungerade Zahl. Das Produkt zweier ungerader Zahlen ist somit ungerade.

c) a ungerade $\Rightarrow a = 2n + 1$
   b ungerade $\Rightarrow b = 2m + 1$
   $\Rightarrow a - b = 2n + 1 - (2m + 1) = 2n - 2m = 2(n - m)$

Die Differenz ist durch 2 teilbar, also eine gerade Zahl.

11 *Ein Gewinnspiel*

Alle gesammelten Punktezahlen sind durch 3 teilbar. Die Summe zweier Zahlen, die durch 3 teilbar sind, ist auch durch drei teilbar.
Beweis: $a = 3n$; $b = 3m \Rightarrow a + b = 3n + 3m = 3(m + n)$ ist teilbar durch 3. Da 100 nicht durch 3 teilbar ist, die Summe jeder Kombination der vorliegenden Punktezahlen jedoch durch 3 teilbar ist, kann 100 nicht das Ergebnis sein.

177 (12) *Zauberzahl*
Die Vorgehensweise des Ausprobierens ist für einen Beweis nicht zielführend, da nur Beispiele angeführt werden. Übrigens: die Aussage stimmt nicht, da $\frac{5040}{11}$ kein ganzzahliges Ergebnis liefert (Gegenbeispiel).

178 (13) *Beweisverfahren im Vergleich*
a) (A) $\frac{2 \cdot 5 + 3 \cdot 4}{3 \cdot 5} = \frac{22}{15}$

(B) $\sqrt{2} - \left(\frac{2}{5}\right) = 1{,}014213$, das Ergebnis ist irrational. Für dieses Beispiels trifft die Behauptung zu.

b) Da die Behauptungen allgemein formuliert sind und somit für beliebige Zahlen gelten sollen, reicht es nicht als Beweis, sie für eine wenige Beispiele zu bestätigen.

c) In (A) ist die Vorgehensweise direkt, man wählt allgemeine Zahlen, die den Voraussetzungen entsprechen und zeigt die Behauptung dann allgemein. (B) ist ein sogenannter Widerspruchsbeweis. Man geht von der gegenteiligen Behauptung aus und findet einen Widerspruch. Wenn die gegenteilige Behauptung nicht stimmt, weiß man, dass die Behauptung wahr sein muss.

(14) *Beweise kann man üben*
a) a und b sind rationale Zahlen: $a = \frac{p}{q}$, $b = \frac{m}{n}$
$\Rightarrow a \cdot b = \frac{p}{q} \cdot \frac{m}{n} = \frac{p \cdot m}{q \cdot n}$ ist eine rationale Zahl

b) x ist eine rationale Zahl, y eine irrationale Zahl
Annahme des Gegenteils: $\frac{x}{y} = t$ und t ist rational $\Rightarrow y = \frac{x}{t}$ $\Rightarrow$ y ist rational, da Quotient zweier rationaler Zahlen. Das ist ein Widerspruch zur Vorgabe, dass y irrational sei. Also ist die Annahme falsch. Der Quotient ist somit irrational.

180 (15) *Ist $\sqrt{12}$ eine irrationale Zahl?*
a) **Anmerkung zur 1. Auflage: Man sollte Beispiel E als Modell nutzen.**
Angenommen, $\sqrt{12}$ ist rational. Dann ist $\sqrt{12} = \frac{a}{b}$, also $12 = \frac{a^2}{b^2}$ bzw. $a^2 = 12 \cdot b^2$. Die Primfaktorzerlegung einer Quadratzahl enthält eine gerade Anzahl von Primfaktoren. Es ist aber $12 = 3 \cdot 2 \cdot 2$, 12 hat also eine ungerade Anzahl Primfaktoren und damit hat $12 \cdot b^2$ eine ungerade Anzahl an Primfaktoren (ungerade Zahl + gerade Zahl = ungerade Zahl). So erhält man einen Widerspruch, denn wenn zwei Zahlen gleich sind, haben sie auch die gleiche Anzahl an Primfaktoren, a^2 hat aber eine gerade Anzahl und $12 \cdot b^2$ eine ungerade. Also war die Annahme falsch und damit ist $\sqrt{12}$ irrational.

b) Den Annahmen aus Beispiel E zufolge gilt für die Primfaktorzerlegung von $\sqrt{10}$: $a^2 = 2 \cdot 5 \cdot b^2$ (Schritt 5). Auf beiden Seiten des Gleichheitszeichens steht eine gerade Anzahl von Primfaktoren, deswegen kann man so keinen Widerspruch erzeugen. Über die genaue Anzahl der Primfaktoren kann man damit keine Aussage treffen.

Kopfübungen
1. a) 0,2;   b) 0,15
2. Ja, sie sind kongruent
3. p = 0,25
4. 905 ml
5. −0,5
6. weiß: $\frac{3}{8}, \frac{5}{8}$
7. y = x + 5

181 ⟨16⟩ *Wie geht das mit der „dritten Wurzel"?*
  a) $x = 2\,\text{cm}$ ($x = 3\,\text{cm}$; $x = 10\,\text{cm}$)
  b) Die 3. Wurzel aus 500 ist keine natürliche Zahl. 500 ist keine Kubikzahl.
  c) Der beste ganzzahlige Näherungswert ist 8, denn $8^3 = 512$.
  d) Da man schon einen Näherungswert kennt, bietet es sich an, diesen als Startwert zu wählen. Damit erhält man schon nach einem Schritt eine auf drei Nachkommstellen genaue Näherung, nämlich $x_1 = 7{,}9375$.

⟨17⟩ *Auch für die 4. Wurzel gibt es eine Iterationsformel*
  a) 2 (10; 5; 0,3)
  b) $x_{n+1} = \frac{1}{4}\left(x_n + x_n + x_n + \frac{500}{x_n^3}\right)$ $\sqrt[4]{500} \approx 4{,}728708045$
  Startwert 5: $x_1 = 4{,}75$; $x_2 = 4{,}72885078$; $x_3 = 4{,}728708051$; $x_4 = 4{,}728708045$
  Nach 4 Schritten haben wir mit dem Startwert 5 bereits eine Genauigkeit von 9 Nachkommastellen.
  c) Unter $\sqrt[5]{500}$ versteht man eine Zahl, die viermal mit sich selbst multipliziert 500 ergibt.
  $x_{n+1} = \frac{1}{5}\left(x_n + x_n + x_n + x_n + \frac{500}{x_n^4}\right)$ $\sqrt[5]{500} \approx 3{,}465724$
  Startwert 5: $x_1 = 4{,}16$; $x_2 = 3{,}661908$; $x_3 = 3{,}485649$; $x_4 = 3{,}465951$
  Nach vier Schritten hat man bei dem Startwert 5 eine Genauigkeit von drei Nachkommastellen.

5.3 Rechnen mit Wurzeln

182 ⟨1⟩ *Rechenregeln beim Quadrieren*
  a) Offenbar richtig sind die Regeln (1), (4), (5) und (6).
  b) (1) $k \cdot a^2 + l \cdot a^2 = (k + l) a^2$ (Distributivgesetz)
  (3) Wird durch die 1. binomische Formel widerlegt.
  (4) $a^2 \cdot b^2 = a \cdot a \cdot b \cdot b$
       $= a \cdot b \cdot a \cdot b$ (Kommutativgesetz)
       $= (a \cdot b) \cdot (a \cdot b)$ (Assoziativgesetz)
       $= (a \cdot b)^2$
  (5) $\frac{a^2}{b^2} = \frac{a \cdot a}{b \cdot b} = \frac{a}{b} \cdot \frac{a}{b} = \left(\frac{a}{b}\right)^2$
  (6) $a^2 \cdot a^2 = a \cdot a \cdot a \cdot a = a^4$

⟨2⟩ *Was ist da falsch?*
  Christophs Rechnung ist falsch, da $\sqrt{a + b} = \sqrt{a} + \sqrt{b}$ nicht allgemein gültig ist.

183 ⟨3⟩ *Vereinfache*
  a) $2\sqrt{11}$ b) $10\sqrt{21}$ c) $\sqrt{5}$ d) keine Vereinfachung möglich
  e) $7\sqrt{5}$ f) $10\sqrt{a}$ g) $-3\sqrt{b}$ h) keine Vereinfachung möglich

⟨4⟩ *Vereinfache durch geschicktes Ordnen und Zusammenfassen*
  a) $5 + 4\sqrt{2}$ b) $2(\sqrt{10} - \sqrt{6})$ c) $2\sqrt{x} + 3\sqrt{y}$
  d) $4\sqrt{a} - 6$ e) $\sqrt{11}$ f) $5(\sqrt{3} - \sqrt{6}) + 4(\sqrt{10} + \sqrt{11})$

184

5 *Wurzelterme vereinfachen*
a) $\sqrt{30}$ b) $5\sqrt{14}$ c) $3\sqrt{33}$ d) 13
e) 18 f) 250 g) $2\sqrt{2}+\sqrt{6}$ h) $3-5\sqrt{3}$

6 *Distributivgesetz nutzen*
a) $\sqrt{6}+5\sqrt{2}$ b) $\sqrt{42}+\sqrt{33}$ c) $\sqrt{14}-\sqrt{7}+6\sqrt{2}-6$
d) 2 e) $3-10\sqrt{3}+\sqrt{30}-10\sqrt{10}$ f) $\sqrt{ab}+\sqrt{ac}$
g) $1+\sqrt{2}$ h) $\frac{\sqrt{2}}{1+\sqrt{4}}$ (kürzen mit $\sqrt{3}$) $=\frac{\sqrt{2}}{3}$

7 *Teilweises Wurzelziehen*
a) $3\sqrt{3}$ b) $10\sqrt{2}$ c) – d) $\frac{4}{5}\sqrt{\frac{2}{5}}$ e) –
f) $0{,}1\sqrt{2}$ g) $\frac{1}{4}\sqrt{\frac{7}{3}}$ h) $0{,}3\sqrt{2}$ i) –

8 *Kannst du den Term ohne Wurzel schreiben?*
a) 10 b) 1,5 c) 0,4 d) 2 e) 10 f) $\frac{2}{3}$

9 *Teilweises Wurzelziehen rückgängig*
a) $3\sqrt{7}=\sqrt{9\cdot 7}=\sqrt{63}$ b) $2\sqrt{2}=\sqrt{4\cdot 2}=\sqrt{8}$
c) $6\sqrt{\frac{1}{6}}=\sqrt{36\cdot\frac{1}{6}}=\sqrt{6}$ d) $0{,}5\sqrt{2}=\sqrt{0{,}25\cdot 2}=\sqrt{0{,}5}$

10 *Wie kann man die Probe machen?*
Schüleraktivität.

11 *Komplizierter Term – schönes Ergebnis, erstaunlich, oder?*
a) 2 b) 125 c) 63
d) Die Aufgabe wurde so gestellt, dass beim Anwenden der 1. oder 2. binomischen Formel der 2. Summand (… $+2ab+$ …) eine Wurzel enthält, die man leicht ziehen kann. Sofern man Aufgaben stellt, die auf die Anwendung der 3. binomischen Formel führen, können beliebige, nicht negative Zahlen als Radikanden gewählt werden.

12 *Vereinfache soweit wie möglich*
a) $2\sqrt{22}$ b) $\frac{15}{7}\sqrt{14}$ c) $2\sqrt{10}$ d) $\frac{32}{3}\sqrt{3}$ e) $10\sqrt{10}$
f) $12\cdot\sqrt{7}$ g) $\frac{3}{2}\sqrt{6}$ h) $2\sqrt{14}$ i) $\frac{1}{4}\sqrt{26}$

185

13 *Abschlusstraining zum Rechnen mit Wurzeln*
a) $\sqrt{5}-2$ b) $2\sqrt{3}-3\sqrt{2}$ c) $-6\sqrt{\frac{1}{2}}$ d) $\frac{1}{2}$
e) $4-4\sqrt{2}$ f) -6 g) $12\sqrt{3}$ h) 1,2

185

14 Halbkreis

a)
x	-2	-1	-0,5	0	0,5	1	2	3	-3
y	0	1,73	1,94	2	1,94	1,73	0	–	–

b)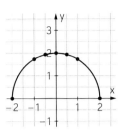

c)
x	-2	-1	-0,5	0	0,5	1	2	3	-3
y	2,83	2,24	2,06	2	2,06	2,24	2,83	3,61	3,61

Dadurch, dass unter der Wurzel kein negativer Betrag entstehen kann, gibt es für jeden x-Wert einen y-Wert.

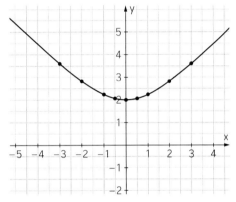

15 Zur Erinnerung
a) bis h) Bis auf $\sqrt{-0{,}3}$; $\sqrt{-10}$; $\sqrt{-1}$ sind alle anderen Wurzeln reelle Zahlen.
i) Für negative Radikanden a ist die Wurzel keine reelle Zahl.

16 Definitionsmenge oder „Welche Werte sind zugelassen?"
a) $D = \{a \mid a \geq 3\}$ b) $D = \{x \mid x \geq -5\}$ c) $D = \mathbb{R}$
d) $D = \{y \mid |y| \geq 1\}$ e) $D = \mathbb{R}$ f) $D = \mathbb{R}$

186

17 Lernplakat zum Thema Rechnen mit Wurzeln
Schüleraktivität.

18 Teste dein Wissen
a) Der Radikand wurde in eine Summe umgeformt und dann aus den Summanden einzeln die Wurzeln gezogen; letzteres ist falsch.
b) Die Wurzel wurde ignoriert.
c) Die 1. binomische Formel wurde nicht korrekt angewendet:
$(\sqrt{5} + \sqrt{7})^2 = 5 + 2\sqrt{35} + 7 = 12 + 2\sqrt{35}$
d) Wenn b negativ ist, ist der Term nicht definiert, also $b \geq 0$ ist Voraussetzung. Im umgeformten Term muss a in Betragsstriche gesetzt werden.
e) Bei der ersten Umformung, Ausklammern der 2, wurde die Klammer vergessen; danach wurden die Radikanden zweier Wurzeln addiert, was falsch ist.
Man kann umformen zu $2(\sqrt{5} + \sqrt{10})$ oder zu $\sqrt{20} + \sqrt{40}$.
f) Der Radikand darf nicht negativ sein; deshalb: $D = \{a \mid a \geq 2\}$.
g) Es wurde falsch zur 3. binomischen Formel erweitert. Richtiges Ergebnis: $\frac{\sqrt{x} - x}{1 - x}$

186 (19) *Genau hingeschaut*

a)

x	0	1	2	3	4	−1	−2	−3	−4
y	0	1	2	3	4	−	−	−	−

$D = \{x \mid x \geq 0\}$
$y = x$

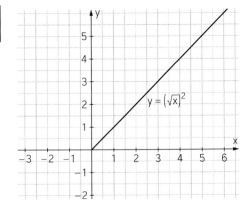

b) Diese Funktion ist auch für negative Werte von x definiert.

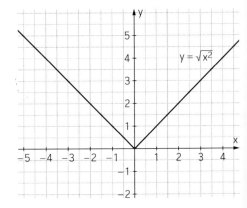

Kopfübungen

1. a) $\frac{27}{4} < \frac{36}{4}$;   b) $\frac{21}{40} > \frac{23}{50}$
2. 10°
3. s = −3
4. 10 000
5. 0 und −1
6. $\frac{1}{297} = 0{,}38\,\%$
7. Nein, gehört er nicht; der Punkt $\left(\frac{1}{4} \mid -3\right)$ würde dazugehören.

187 (20) *Das goldene Rechteck*
a) 1,618
b) Es sind die beiden Rechtecke rechts und links direkt neben dem Bogen: 1,1 zu 1,8 cm auf dem Papier.
c) (3) und (5)
d) Schüleraktivität.

(21) *Das goldene Verhältnis*
Schüleraktivität.

Kapitel 6
Flächen- und Rauminhalte

Didaktische Hinweise

Dieses Kapitel berücksichtigt in besonderem Maße wichtige Leitlinien der Gesamtkonzeption. Zunächst stellt es eine Verbindung zwischen Geometrie und Algebra her. Der zentrale geometrische Gedanke besteht in der Rückführung komplexer und zusammengesetzter Flächen auf elementare Flächen wie Rechteck und Dreieck. Das gleiche Prinzip wird bei der Berechnung von Rauminhalten berücksichtigt, dabei werden im Sinne der flexiblen Verwendung Volumen und Oberfläche von Prismen bzw. Zylindern gleichzeitig behandelt. In allen Lernabschnitten werden in großem Umfang die Anwendungen berücksichtigt, dies sowohl unter Einbezug von vielfältigen Situationen aus der Alltagswelt als auch im Sinne des Modellierens.

Im ersten Lernabschnitt **6.1** *Flächeninhalt von Vielecken* finden sich viele Gelegenheiten zum Entdecken von Zerlegungs- und Ergänzungsstrategien zur Flächenberechnung von Vielecken über Experimente. Diese Strategien werden in einem Merkkasten zusammengefasst (Basiswissen S. 195). Bei den anschließenden operatorischen Übungen wird eine Methodenvielfalt angestrebt; u. a. werden die bekannten Formeln für das Trapez und das Dreieck in neuem Licht behandelt. Die Aufgaben der zweiten grünen Ebene fördern und trainieren das funktionale Verständnis bei Formeln („Was passiert wenn …").

In Lernabschnitt **6.2** *Umfang und Flächeninhalt des Kreises* werden die Schülerinnen und Schüler an die Problematik der Vermessung des Kreises herangeführt. Auch wenn auf dieser Altersstufe die experimentellen Zugänge zu den Formeln für den Umfang und den Flächeninhalt im Vordergrund stehen, wird in einem Exkurs und der zweiten grünen Ebene die auch kulturhistorisch bedeutsame Geschichte der Kreiszahl π angesprochen.

Aktives und anschauliches Zerlegen und Ergänzen steht auch im Lernabschnitt **6.3** bei der Bestimmung von *Raum- und Oberflächeninhalten von Prismen und Zylindern* im Vordergrund. Im Mittelpunkt des Lernabschnitts steht die Anwendung der Strategien und Formeln auf kompliziertere zusammengesetzte Flächen und Körper. Dabei wird der Vielfalt von Lösungsmethoden der Vorzug gegenüber einheitlicher Lösungswege gegeben. Neben dem Aufstellen und Anwenden der algebraischen Formeln wird dabei auch die Raumanschauung gefördert. Die nach Themen (Dächer, Deichbau, Volumenoptimierung) gegliederten Übungen vermitteln neben dem mathematischen Training auch zusätzliches Sachwissen in den angesprochenen Bereichen.

Im Mittelpunkt des Lernabschnitts **6.4** *Raumvorstellung* steht (als Zusatzstoff) die Frage, wie man sich Körper vorstellen kann, die, z.B. als Schrägbild oder Netz, nur auf dem Papier dargestellt sind, und umgekehrt das Zeichnen eines Schrägbildes oder Netzes zu einem gegebenen Körper. Der Lernabschnitt setzt das in allen bisherigen Bänden der Reihe angebotene Training der Raumvorstellung fort.

Lösungen

6.1 Flächeninhalt von Vielecken

1 *Flurbereinigung*

a)
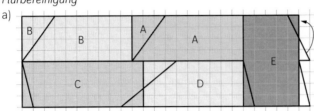

b) siehe a).

2 *Zerlegung eines Vielecks*

a) 4-Eck → 2 Dreiecke   5-Eck → 3 Dreiecke
   6-Eck → 4 Dreiecke   n-Eck → n − 2 Dreiecke

b) Kästchengröße 5 × 5 mm
   $A = 1{,}75\,cm^2 + 5{,}25\,cm^2 + 2{,}25\,cm^2 + 1{,}5\,cm^2 = 10{,}75\,cm^2$

c) Zerlegung in ein Dreieck, ein Parallelogramm und ein Trapez.
   $A = 1{,}75\,cm^2 + 5{,}25\,cm^2 + 3{,}75\,cm^2 = 10{,}75\,cm^2$

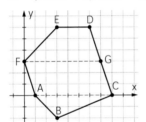

3 *Flächeninhalte von Vielecken*

a) $A = 3\,cm^2 + 2\,cm^2 = 5\,cm^2$
   Rechteck: $1\,cm \cdot 3\,cm = 3\,cm^2$
   Dreieck: $\frac{2\,cm \cdot 2\,cm}{2} = 2\,cm^2$

b) $A = 6\,cm^2 - 0{,}25\,cm^2 = 5{,}75\,cm^2$
   Rechteck: $3\,cm \cdot 2\,cm = 6\,cm^2$
   Dreieck: $\frac{1\,cm \cdot 0{,}5\,cm}{2} = 0{,}25\,cm^2$

c) $A = 5\,cm^2 + 1\,cm^2 + 0{,}5\,cm^2 + 0{,}5\,cm^2 + 1\,cm^2 = 8\,cm^2$
   Rechteck: $2{,}5\,cm \cdot 2\,cm = 5\,cm^2$
   Quadrat: $1\,cm \cdot 1\,cm = 1\,cm^2$
   Pfeilspitze: $\frac{2\,cm \cdot 1\,cm}{2} = 1\,cm^2$
   Dach: $0{,}5\,cm \cdot 1\,cm = 0{,}5\,cm^2$
   Boden: $0{,}5\,cm \cdot 1\,cm = 0{,}5\,cm^2$

d) $A = 1{,}25\,cm^2 + 2{,}25\,cm^2 + 1\,cm^2 = 4{,}5\,cm^2$
   Aufteilung in 3 Bereiche, die alle 1 cm hoch sind:
   1. Dreieck: $\frac{2{,}5\,cm \cdot 1\,cm}{2} = 1{,}25$ (unterer Bereich)
   2. Dreieck + Rechteck + Dreieck: $0{,}5\,cm^2 + 1{,}5\,cm^2 + 0{,}25\,cm^2 = 2{,}25\,cm^2$
   (mittlerer Bereich)
   3. Dreieck: $1\,cm^2$

6 Flächen- und Rauminhalte

196

4 *Tangram*

a) Angenommen das Quadrat hat die Seitenlängen a. Zunächst ist zu erkennen, dass das grüne und das orange Dreieck gleich groß sind und zusammen die Hälfte des Quadratflächeninhaltes (a^2) bilden:

$A_{grün} = \frac{a^2}{4} = A_{orange}$. Die beiden violetten Dreiecke sind gleich groß und haben jeweils eine Grundseite von $\frac{a}{2}$ und eine Höhe von $\frac{a}{4}$. Damit ist: $A_{violett} = \frac{a^2}{16}$.

Das gelbe Quadrat und das rote Dreieck sind flächenmäßig gleich groß, das rote Dreieck hat zwei Seiten der Länge $\frac{a}{2}$, also gilt: $A_{gelb} = A_{rot} = \frac{a^2}{8}$.

Das blaue Parallelogramm hat eine Grundseitenlänge von $\frac{a}{2}$ und eine Höhe von $\frac{a}{4}$, also $A_{blau} = \frac{a^2}{8}$.

b)
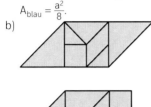
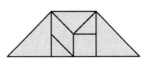
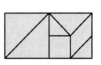
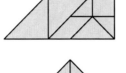
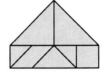

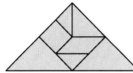

5 *Schätzen und Rechnen*

a) Schüleraktivität.

b) Sei a die Seitenlänge des Quadrats. Eine mögliche Zerlegung des Achtecks wäre in 4 flächengleiche Dreiecke mit einer Grundseite von $\frac{a}{3}$ und einer Höhe von $\frac{a}{12}$ und ein Quadrat mit der Seitenlänge $\frac{a}{3}$.

Damit ergibt sich ein Flächeninhalt $A_{Achteck} = \frac{a}{3} \cdot \frac{a}{3} + 4 \cdot \frac{\frac{a}{3} \cdot \frac{a}{12}}{2} = \frac{a^2}{6}$.

Das Achteck macht also ein Sechstel des Flächeninhalts des Quadrats aus.

c) Der Anteil bleibt so.

6 *Gerechtigkeit beim Erben*

a) Diese Aufteilung ist gerecht, da in der Summe immer gleich große Flächen entstehen, egal wo der Stab steht.

b) Es bleibt nach wie vor gerecht von der Flächenaufteilung her; wenn der Stab aber auf dem Rand steht, erhält die eine Tochter zwei kleinere und die andere eine größere Fläche, und wenn der Stab in einer Ecke steht, entstehen zwei gleich große Dreiecke.

197

7 *Gleicher Flächeninhalt – gleicher Umfang?*

Nein, die Flächen haben nicht den gleichen Umfang, das Quadrat weist den kleinsten Umfang auf. Je länger und flacher die Fläche wird, desto größer wird auch der Umfang.

197

8 *Vergleich von Flächeninhalt und Umfang*
a) Wahr; $U_2 = U_4$
b) Falsch; richtig wäre: $U_1 < U_3 < U_2$
c) Wahr.
d) Wahr; $A_1 = A_2 = A_4$

9 *Rechtwinkliges Dreieck*
Die Fläche kann mit $\frac{1}{2} a \cdot b$ beschrieben werden. Man kann sich vorstellen, dass die Dreiecksfläche die Hälfte der Rechtecksfläche $a \cdot b$ darstellt, welches diagonal durchteilt ist.

10 *Stumpfwinkliges Dreieck*
a) Zunächst wird die Fläche des Quadrates $h \cdot (g + x)$ berechnet. Dann werden die Fläche des Dreiecks $0{,}5 \cdot h \cdot (g + x)$ und die Fläche des kleineren Dreiecks $0{,}5 \cdot h \cdot x$ abgezogen, um die Fläche des blau gefärbten Dreiecks zu erhalten.
b) Nach Vereinfachung ergibt sich der Term $0{,}5 \cdot g \cdot h$. Dies entspricht der üblichen Dreiecksformel, man kann die Formel also für jedes Dreieck verwenden, auch wenn die Höhe außerhalb liegt.

11 *Formeln für Flächeninhalte*
a) Zur Figur links gehört die Formel: $A = (a + b)^2 - 4 \cdot \frac{1}{2} a \cdot b$
Von der Fläche $(a + b)^2$ wird das Vierfache der Fläche $\frac{1}{2} a \cdot b$ eines der Dreiecke subtrahiert.
Zur Figur rechts gehört die Formel: $A = \frac{(a + b)^2}{2} - a \cdot b$. Die Figur entspricht der Hälfte der linken, entsprechend ist auch die Formel durch 2 dividert.
b) Figur links: $A = a^2 + b^2 = 25$
Figur rechts: $A = \frac{a^2 + b^2}{2} = 12{,}5$

198

12 *Flächendetektiv*
(1) $A = (8 + x)^2 - 8^2 = 16x + x^2$
(2) $A = (2x + 5)^2 - 5^2 = 4x^2 + 20x$
(3) $A = (x + a) b - x^2 - ax = x^2 + ax$ (wegen $b = 2x$)
(4) $A = a^2 - \frac{1}{2} x^2 - (a - x) a = x \left(a - \frac{x}{2}\right)$ \qquad $0 < x < 2a$ \qquad $0 < A < \frac{a^2}{2}$

13 *Experimentieren, Messen, Berechnen und Staunen*
a) Egal in welcher Position das rote Quadrat ist, die Fläche des Überdeckungsvielecks ist immer die gleiche: $A = \frac{10^2}{4} = 25$
b) Durch Zerlegung der Fläche und Verschiebung eines Teildreiecks erkennt man, dass die Überdeckungsfläche stets ein Viertel der Quadratfläche ausmacht. $A = \frac{a^2}{4}$, wobei a die Seitenlänge des blauen Quadrats bezeichnet.
c) Man kann an der Diagonalen des blauen Quadrats die Überdeckungsfläche in zwei Dreiecke teilen und erhält dann: $A = \frac{(a - x) \cdot \frac{a}{2}}{2} + \frac{x \cdot \frac{a}{2}}{2} = \frac{a^2}{4}$
Man sieht, dass x beim Vereinfachen der Formel wegfällt, woraus folgt, dass der Flächeninhalt von x unabhängig ist. Dies bestätigt die Beobachtungen aus den Aufgabenteilen vorher.

198 Kopfübungen
1. 130 €
2. Falsch
3. a) $\frac{2}{3}x + 2y$; b) $6 + x$
4. 108°
5. $(-a | -b)$
6. Keinen Treffer: $0,6 \cdot 0,3 = 0,18$, also 18 %
   Einen Treffer: $0,6 \cdot 0,7 = 0,42$, oder $0,3 \cdot 0,4 = 0,12$; $0,12 + 0,42 = 0,54$, also 54 %
   Zwei Treffer: $0,4 \cdot 0,7 = 0,28$, also 28 %
7. $f(x) = C$; $g(x) = A$; $h(x) = B$

199 **14** Was passiert mit dem Flächeninhalt, wenn....?
   a) $A = 12\,cm^2$
   b$_1$) Der Flächeninhalt des Dreiecks verändert sich nicht, da die Grundseite $\overline{OB}$ gleich bleibt und die Höhe auf der Grundseite nicht verändert wird.
   b$_2$) Geht C über die rote Linie hinaus, wird die Höhe des Dreiecks größer und damit auch der Flächeninhalt. Bewegt sich C unter die rote Linie wird die Höhe des Dreiecks kleiner und damit auch sein Flächeninhalt.
   c) Graph (1) gehört zu f_1, das entspricht der Veränderung b$_1$), $f_1(C_x) = 12$.
   Graph (2) gehört zu f_2, das entspricht der Veränderung b$_2$), $f_2(C_y) = \frac{6 \cdot C_y}{2} = 3\,C_y$.
   Dabei bezeichnet C_x die x-Koordinate des Punktes C und C_y die y-Koordinate.

15 Was passiert mit dem Winkel, wenn...?
   a) ■ Bei der linken Figur bleiben die Diagonalen und die vier rechten Winkel erhalten. Die Seitenlängen ändern sich, aber der Umfang ist immer gleich. Die Figur bleibt ein Rechteck und wird für $\alpha = 90°$ zum Quadrat; der Flächeninhalt ist dann maximal.
   ■ Bei der rechten Figur bleiben die Seitenlängen erhalten. Die Innenwinkel und die Höhe des Parallelogramms ändern sich. Die Figur bleibt ein Parallelogramm und wird für $\alpha = 90°$ zum Rechteck; der Flächeninhalt ist dann maximal.
   b) Obere Figur: Untere Figur:
   Diagonalenlänge 3,5 cm Seitenlänge 3,0 cm und 1,5 cm

α	a	b	A
15°	3,5	0,5	1,75
30°	3,4	0,9	3,06
45°	3,2	1,3	4,16
60°	3,0	1,8	5,40
75°	2,8	2,1	5,88
90°	2,5	2,5	6,25
105°	2,1	2,8	5,88
120°	1,8	3,0	5,40
135°	1,3	3,2	4,16
150°	0,9	3,4	3,06
165°	0,5	3,5	1,75

α	a	h	A
15°	3,0	0,4	1,2
30°	3,0	0,8	2,4
45°	3,0	1,1	3,3
60°	3,0	1,3	3,9
75°	3,0	1,4	4,2
90°	3,0	1,5	4,5
105°	3,0	1,4	4,2
120°	3,0	1,3	3,9
135°	3,0	1,1	3,3
150°	3,0	0,8	2,4
165°	3,0	0,4	1,2

Durch das Messen der Seitenlängen a und b bei der oberen Figur sowie der Höhe h bei der unteren Figur entstehen starke Rundungsfehler.

199 [15] c) Der Flächeninhalt wird jeweils für α = 90° maximal. Dann wird die obere Figur zum Quadrat, die untere zum Rechteck.

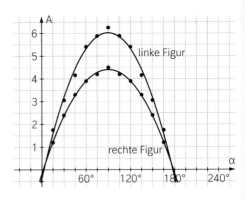

6.2 Umfang und Flächeninhalt des Kreises

200 [1] *Schätzen und Messen*

Die folgenden Aufgaben A1 bis A4 haben gemeinsam, dass für den Umfang (bzw. den Flächeninhalt) eines Kreises eine Proportionalität bzgl. des Durchmessers (bzw. Radius) durch Experimente oder Untersuchungen „nachgewiesen" wird. Ebenso wird deutlich, dass die Proportionalitätskonstante (d. h. die sogenannte „Kreiskonstante" π) jeweils in der Größenordnung von 3 bzw. 3,1 liegt – eine größere Genauigkeit ist experimentell kaum machbar. Dass Umfang und Flächeninhalt einer Figur proportional sind zu ihren Seitenlängen bzw. zum Quadrat ihrer Seitenlängen, ist zunächst einmal nichts Ungewöhnliches: Beim Quadrat mit Seitenlänge a gilt beispielsweise U = **4** · a und A = **1** · a². Bei jeder bislang von den Schülerinnen und Schülern betrachteten ebenen Figur gilt, dass sich der Umfang verdoppelt und der Flächeninhalt vervierfacht, wenn sich die Maße der Figur verdoppeln. Solche Zusammenhänge, sind den meisten Schülerinnen und Schüler aber nicht bewusst, da Flächeninhalte und Umfänge von Figuren bislang nicht unbedingt unter funktionalen Aspekten, sondern zumeist als konkrete Berechnungen von ganz konkreten Größen durchgeführt und wahrgenommen wurden.

Das wirklich Erstaunliche beim Kreis ist also nicht, dass U = c_1 · r ≈ 3,14 · r bzw. A = c_2 · r² ≈ 3,14 · r² gilt oder dass es „mühsam" ist, diese Konstante genauer zu bestimmen (das ist bei vielen regelmäßigen Vielecken, bei denen Wurzelausdrücke bei der Berechnung vorkommen ebenso der Fall), sondern, dass diese „beiden" Konstanten beim Kreis gleich sind. Dieser Zusammenhang wird übrigens in Aufgabe 5 thematisiert, da hier (und nur hier) theoretisch (!) deutlich werden kann, dass dieselbe Konstante die in den Umfang des Kreises eingeht, auch bei der Flächenberechnung des Kreises auftritt.

Spezielle Anmerkungen zu dieser Aufgabe: Üblicherweise schätzen die Schülerinnen und Schüler die Höhe der Tennisdose als „deutlich größer" ein als deren Umfang. Nachmessen zeigt aber, dass bei einem typischen Durchmesser von 6,54 cm bis 6,86 cm bei Tennisbällen, die Höhe mit 19,62 cm bis 20,58 cm (h = 3 · d) in etwa einen Zentimeter kleiner ist als der Umfang mit 20,54 cm bis 21,55 cm (U = π · d, je nach Beschaffenheit der realen Dose evtl. noch etwas mehr). Mit dem Ergebnis aus Aufgabenteil b) und der Feststellung, dass sich der Umfang der Dose kaum vom Umfang eines Balles unterscheidet, lässt sich der Auftrag in Aufgabenteil c) auch mit Hilfe eines einzigen (Basket-)Balls durchführen. Die Bestimmung des Durchmesser eines Balles ist dabei nicht ganz einfach: Dieser lässt sich nur dann einigermaßen genau bestimmen, wenn man den Ball zwischen zwei parallele „Platten" legt und den Abstand dieser Platten bestimmt. Da sich der Umfang einer Kugel dagegen relativ genau bestimmen lässt, berechnet man in der Regel den Durchmesser der Kugel aus deren Umfang (vgl. Aufgabe 2 Aufgabenteil b).

200

2 *Experimentieren und Auswerten*
Die Bestimmung des Umfangs eines kreisförmigen Gegenstandes ist nicht ganz einfach. Insbesondere bei Papier- oder Pappkreisen lässt sich dieser kaum mit ausreichender Genauigkeit bestimmen, wenn kein Faden als Hilfsmittel benutzt werden kann, weil dieser immer wieder „vom Rand abrutscht". Da sich der Durchmesser eines Kreises dagegen relativ genau bestimmen lässt, berechnet man in der Regel den Umfang des Kreises aus dessen Durchmesser (vgl. Aufgabe 1 Aufgabenteil c).

201

3 *Flächeninhalt eines Kreises – eine Formel zum Abschätzen*
Die Kreisfläche „liegt zwischen" dem großen und dem kleinen Quadrat. Die Schülerinnen und Schüler können somit erkennen, dass der Flächeninhalt eines Kreises mit Radius r stets, d.h. unabhängig von der Größe des Radius r, kleiner als $4r^2$ und größer als $2r^2$ ist. Üblicherweise wird $3r^2$ als erste Näherung angesehen. Diese kann ggf. durch Auszählen auf Karo- bzw. Millimeterpapier verfeinert werden.

4 *Flächen wiegen? – Experimentieren und Auswerten*
Wichtig bei diesem Experiment ist, dass die Schülerinnen und Schüler wissen, dass das Gewicht eines homogenen Gegenstands proportional zu dessen Flächeninhalt ist.

5 *Falten, Schneiden, Zusammenlegen*
Durch das Falten bekommt man immer kleinere Kreisausschnitte mit der Seitenlänge r. Legt man die Ausschnitte aneinander, so erhält man näherungsweise ein Parallelogramm mit dem Flächeninhalt $A \approx \frac{1}{2} U \cdot r$. Somit entsteht näherungsweise die Formel $r^2 \cdot \pi$.

203

6 *Durchmesser von Bällen*
Die Maße eines Herren- bzw. Damenbasketballs liegen (je nach Vorgabe des jeweiligen Basketballverbands) zwischen 749 und 780 mm bzw. 725 und 735 mm, was einem Durchmesser von 238 bis 248 mm bzw. 231 bis 233 mm entspricht. Bei den Basketbällen der Schule können, abhängig vom Luftdruck der Befüllung, auch größere Differenzen auftreten. Die genaueste Bestimmung des Durchmessers erfolgt unter schultypischen Messbedingungen über den Umfang des Balles. Die Bestimmung des Durchmesser eines Balles ist nämlich nicht ganz einfach: Dieser lässt sich nur dann einigermaßen genau bestimmen, wenn man den Ball zwischen zwei parallele „Platten" legt und den Abstand dieser Platten bestimmt. Der Umfang des Balles lässt sich dagegen relativ genau bestimmen, indem man einen Faden auf einer Seite des Balles fixiert und die losen Enden dieses Fadens mit einer möglichst große Länge auf der anderen Seite des Balles „straffzieht".

7 *Riesen-Mammutbaum*
h = 83,8 m
U = 31,3 m; wegen $\pi \cdot d = U$ ergibt sich $d = \frac{U}{\pi} = 9{,}96$ m
$n_{Schüler} \approx 20$ (Bei einer durchschnittlichen Größe der Schüler von etwa 1,55 m und der Annahme, dass Größe = Armspanne)

8 *Stammdurchmesser*
Umfang messen:
$U = \pi \cdot d = \pi \cdot 20$ cm $= 62{,}8$ cm
Also darf der Umfang gemäß Rechnung nicht größer als 62,8 cm sein. Ungenauigkeit entsteht aber bei den Messungen.

203

9 *Training*

d	46 mm	13,57 cm	2,48 m	0,47 m	12,4 cm	20 cm
U	144,44 mm	42,6 cm	7,79 m	1,47 m	38,96 cm	62,83 cm
r	23 mm	6,78 cm	1,24 m	0,24 m	6,2 cm	10 cm
A	1 661,06 mm²	144,34 cm²	4,83 m²	0,17 m²	120,76 cm²	313,04 cm²

10 *Wer wächst am schnellsten?*
$2r \Rightarrow 2U \Rightarrow 4A$
$3r \Rightarrow 3U \Rightarrow 9A$
$\frac{1}{2}r \Rightarrow \frac{1}{2}U \Rightarrow \frac{1}{4}A$

11 *Umfang und Flächeninhalt von Figuren*
a) $U_1 > U_3 > U_2 = U_4 = U_5$
b) $A_4 < A_5 < A_3 < A_2 < A_1$

204

12 *π in der Bibel*
Das Becken hat einen Durchmesser von 10 Ellen und einen Umfang von 30 Ellen, π wird hier also durch 3 angenähert.

13 *Vergleich von Figuren*

$U_{blau} = \underbrace{0{,}5\,\pi \cdot 3\,cm}_{\text{kleiner Halbkreis}} + \underbrace{0{,}5\,\pi \cdot 3\,cm}_{\text{kleiner Halbkreis}} + \underbrace{0{,}25 \cdot \pi \cdot 2 \cdot 3\,cm}_{\text{großer Halbkreis}} = \frac{9}{2}\pi\,cm$

$U_{rot} = \frac{9}{2}\pi\,cm = 14{,}14\,cm$
Die Umfänge sind gleich.

14 *Straßenschild*
weiß: $A_w = \pi \cdot r_1^2$ rot: $A_r = \pi \cdot r_2^2 - A_w = \pi(r_2^2 - r_1^2)$
Mit den gegebenen Maßen folgt:
$A_w = 441 \cdot \pi\,mm^2$; $A_r = 459 \cdot \pi\,mm^2$
Die rote Fläche ist größer.

15 *Sporthallentür*
Quadrat: $1{,}2\,m \cdot 1{,}2\,m = 1{,}44\,m^2$
Kreis (Viertel): $\frac{\pi}{4}r^2 = 1{,}13\,cm^2$
Verschnitt für $\frac{1}{4}$ Teil: $0{,}31\,m^2$

16 *Laufrad*
$U = 73 \cdot 82\,mm = 5\,986\,mm$
$d = \frac{U}{\pi} = 1\,905\,mm = 1{,}9\,m$
Also kann ein Schüler der 8. Klasse stehen.

205 Projekt

Innenbahn: $r_i = 36,8\,m$
Länge der Laufbahn: $a_i = 2 \cdot 36,8 \cdot \pi + 2 \cdot 84,39 \approx 400,00\,m$
Innere Begrenzungslinie: $r_b = 36,5\,m \Rightarrow a_b \approx 398,12\,m$
Die innere Begrenzungslinie ist etwa 0,5 % kürzer als die Laufbahnlänge. Ein Läufer, der die 400 m in 50 s läuft, könnte theoretisch etwa 0,25 s einsparen.

Laufbahn	Kurvenradius (in m)	Bahnlänge (in m)	Kurvenvorgabe (in m)	
			400-m-Lauf	200-m-Lauf
1	36,80	400,00	0,00	0,00
2	37,92	407,04	7,04	3,52
3	39,14	414,70	14,70	7,35
4	40,36	422,37	22,37	11,18
5	41,58	430,03	30,03	15,02
6	42,80	437,70	37,70	18,85
7	44,02	445,37	45,37	22,68
8	45,24	453,03	53,03	26,52

206

17 *Formeln herleiten*

Mittelpunktswinkel	Flächeninhalt A_α	Kreisbogenlänge b
360°	$\pi \cdot r^2$	$2\pi r$
1°	$\dfrac{\pi r^2}{360°}$	$\dfrac{2\pi r}{360°}$
α	$\dfrac{\pi r^2 \alpha}{360°}$	$\dfrac{2\pi r}{360°} \cdot \alpha$

18 *Kreisausschnitte*
a) Flächeninhalt $\approx 39,27\,cm^2$ Länge des Kreisbogens $\approx 15,71\,cm$
b) Flächeninhalt $\approx 26,17\,cm^2$ Länge des Kreisbogens $\approx 10,47\,cm$
c) Flächeninhalt $\approx 6,55\,cm^2$ Länge des Kreisbogens $\approx 2,62\,cm$

19 *„Minitortenstück"*
$A = \dfrac{100\,cm^2 \cdot \pi}{360} = 0,87\,cm^2$
$U = \dfrac{2 \cdot \pi \cdot 10\,cm}{360} = 0,115\,cm$

Kopfübungen
1. 1,23 %
2. Zwei Sechsecke und sechs Rechtecke
3. 17 Kaninchen
4. 20°
5. Ja, wenn gilt, a > 0 und b < 0, z.B. a = 5, b = −2
6. Ohne Zurücklegen, da beim Ziehen der blauen Kugel keine Möglichkeit besteht, diese wieder zu ziehen.
7. $\dfrac{x}{24}$, wobei x die Anzahl der Stunden darstellt.

207

20 *Kreise auf der Erdkugel*
a) $\pi \approx 3,1 \Rightarrow U = 39543,6\,km$; $\pi \approx 3,14 \Rightarrow U = 40053,84\,km$
   Differenz 510,24 km
b) Polarradius $r_p = 6357\,km \Rightarrow U = 39942,21\,km$
   Da die Pole abgeplattet sind, ist der Radius hier kleiner und somit auch der Erdumfang.

207 **21** *Drake-Passage*
$r = 3190$ km $\Rightarrow U = 20043{,}36$ km
$v = \frac{s}{t} \Rightarrow t = 501$ h
20 Tage 21 h bräuchte das Schiff, um diesen Breitenkreis zu umrunden.

22 *In achtzig Tagen um die Welt...*
Radius am Äquator: $r = 6378$ km $\Rightarrow U = 40074{,}16$ km
80 Tage = 1920 h, $v = \frac{s}{t}$, $v = 20{,}9 \frac{km}{h}$
Man müsste sich mit einer Durchschnittsgeschwindigkeit von $21 \frac{km}{h}$ bewegen, um die Wette zu gewinnen.

23 *Karussell auf dem Äquator*
a) $r = 6378$ km $\Rightarrow U = 40074{,}16$ km
$v = \frac{s}{t} \Rightarrow v = 1669{,}76 \frac{km}{h} \approx 1670 \frac{km}{h}$
b) Weil der Radius am Äquator am größten ist, ist der Weg hier am längsten, also muss man hier am „schnellsten" fahren. Je weiter man nach Norden bzw. Süden kommt, umso kleiner wird der Radius (Breitengrad). Da die Zeit gleich bleibt (24 h), muss die Geschwindigkeit kleiner werden.

208 **24** *„Gedächtnisakrobaten"*
a) Schüleraktivität.
b) Die Länge der Worte entspricht einer Stelle von π, „wie" = 3, „o" = 1 „dies" = 4 etc.

6.3 Raum- und Oberflächeninhalte von Prismen und Zylindern

209 **1** *Mathe ohne Worte*
$V = \frac{1}{2} \cdot 3\,cm \cdot 6\,cm \cdot 5\,cm + \frac{1}{2} \cdot 1\,cm \cdot 6\,cm \cdot 5\,cm = 45\,cm^3 + 15\,cm^3 = 60\,cm^3$

2 *Bau eines Dreiecksprismas*
a) Schüleraktivität.
b) $O = (5\,cm + 6\,cm + 3{,}6\,cm) 5\,cm + 2 \cdot \frac{1}{2} \cdot 6\,cm \cdot 3\,cm = 91\,cm^2$
c) $V = \frac{1}{2} \cdot 6\,cm \cdot 3\,cm \cdot 5\,cm = 45\,cm^3$
d) $V = G \cdot h$ mit G = Flächeninhalt der Grundfläche (Dreieck)

3 *Regenfass*
a) $A_{Mantel} = 60\,cm \cdot \pi \cdot 90\,cm = 1{,}696\,m^2$, die noch vorhandene Farbe reicht aus.
b) rotes Prisma: $a = 42{,}4\,cm \Rightarrow V = 162\,dm^3$
blaues Prisma: $a = 60\,cm \Rightarrow V = 324\,dm^3$
Mittelwert: $243\,dm^3$
c) Der Schätzwert ist zu klein (genauer Wert: $254{,}5\,dm^3$).
Besser: $V = G \cdot h = \pi r^2 \cdot h$

211 **4** *Dreieckige Basaltsäule*
a) Er muss die Maße ermitteln, die notwendig sind, um die Grundfläche zu berechnen, also z. B. eine Seitenlänge des Dreiecks und die zugehörige Höhe; außerdem muss er die Höhe der Säule kennen.
b) Schüleraktivität.

211 ⑤ *„Parallelogramm-Prisma"*
Volumen: Durch hypothetisches Aneinanderlegen der Dreiecksseiten an der Diagonale (4 cm) entsteht ein Rechteck mit $3\,cm \cdot 6\,cm = 18\,cm^2$. Mit der Höhe 3 cm ergibt sich somit ein Volumen von $18\,cm^2 \cdot 3\,cm = 54\,cm^3$.
Oberflächeninhalt: $4 \cdot 6\,cm \cdot 3\,cm + 2 \cdot 4\,cm \cdot 3\,cm = 96\,cm^2$

212 ⑥ *Saalgröße*
a) $V = 20\,m \cdot 12\,m \cdot 7 - 15\,m^2 \cdot 12\,m = 1500\,m^3$
b) $2 \cdot 10\,m \cdot 7\,m + 12\,m \cdot 7\,m + 10\,m \cdot 12\,m + 12\,m \cdot 4\,m + 2 \cdot \left(10 \cdot 7 - 10 \cdot \frac{3}{2}\right) + 12 \cdot 10{,}43$
$= 627{,}16\,m^2$

⑦ *Pool*
a) $7\,m \cdot 15\,m \cdot 1{,}5\,m + (2\,m \cdot 1{,}5\,m + 3\,m \cdot 1{,}5\,m) \cdot 7\,m = 210\,m^3 = 210\,000\,l$
b) $7\,m \cdot 1{,}52\,m \cdot 2 + 15\,m \cdot 1{,}52\,m \cdot 2 + 3\,m \cdot 7\,m + 2{,}5\,m \cdot 7\,m \cdot 2 = 122{,}88\,m^2$

⑧ *Netz eines Körpers*
Es handelt sich um ein regelmäßiges sechseckiges Prisma.
$O = 2 \cdot 18\,cm \cdot 12\,cm + 2 \cdot (6\,cm)^2 \cdot \frac{3}{2} \cdot \sqrt{3}$
$= 619{,}1\,cm^2$
$V = (6\,cm)^2 \cdot \frac{3}{2} \cdot \sqrt{3} \cdot 12\,cm = 1\,122{,}36\,cm^3$

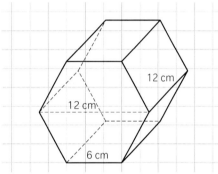

⑨ *Zylinder-Sammlung*
Schüleraktivität.

⑩ *Zylinder-Training*

Radius	3 cm	0,477 m	0,437 m	5 cm
Höhe	5 cm	8 m	0,146 m	0,955 cm
Mantelfläche	94,25 cm²	24 m²	0,4 m²	30 cm²
Oberfläche	150,80 cm²	25,43 m²	1,6 m²	187,08 cm²
Volumen	141,37 cm³	5,73 m³	0,0874 m³	75 cm³

Radius	1,262 dm	45 cm	1,5 cm	0,252 m
Höhe	50 cm	12,575 dm	1,061 cm	$4 \cdot r \approx 1{,}009\,m$
Mantelfläche	39,63 dm²	355,56 dm²	10 cm²	1,6 m²
Oberfläche	49,63 dm²	482,79 dm²	24,14 cm²	2 m²
Volumen	25 l	8 hl	7,5 cm³	0,202 m³

⑪ *Walze*
Umfang der Walze: $2 \cdot \pi \cdot r = 4{,}78\,m$
Mantelfläche der Walze: $U \cdot h = 4{,}78\,m \cdot 2{,}20\,m = 10{,}52\,m^2$

⑫ *Öltank*
$V_{\text{Öltank}} \approx 14\,137\,m^3$ $\qquad\qquad V_{\text{Haushaltstank}} = 2\,m^3$
Es können etwa 7068 Haushaltstanks gefüllt werden.

⑬ *Zylinder mit Variablen*
$x = 12\,cm$, $y = 2 \cdot \pi \cdot 10\,cm = 62{,}83\,cm \;\Rightarrow\; O = x \cdot y + 2 \cdot \pi \cdot r^2 = 1382{,}28\,cm^2$

6 Flächen- und Rauminhalte

213

14 *Größen aus dem Volumen bestimmen*
a) h = 24 cm, O = 1080 cm²
b) r = 8 cm, O = 1105,8 cm²

15 *Standzylinder*
a) $V = 18^2 \cdot \pi \cdot h = 5000 \Rightarrow h = 4,9$
Die 5-cm³-Teilstriche müssen 4,9 mm Abstand haben.
b) $V = r^2 \cdot \pi \cdot 4 = 2000 \Rightarrow r = 12,6$
Der Innendurchmesser beträgt 25,2 mm.

16 *Zylindervergleich*
$3^2 \cdot \pi \cdot h_1 = 2,5^2 \cdot \pi \cdot 5 \Rightarrow h_1 = \frac{125}{36}$ cm = 3,472 cm $\Rightarrow O_1 = 122,0$ cm²; $O_2 = 117,8$ cm²

17 *Regelmäßige Vielecke und Säulen*
a) Verschiedene Möglichkeiten der Zerlegung führen zu Ergebnissen mit Rundungsfehlern.
Die „genauen" Ergebnisse sind:
Sechseck: $A_6 = 0,935$ m²
Achteck: $A_8 = 1,018$ m²
Zylinder: $A_Z = 1,13093$ m²
b) $V_6 = 2,338$ m³; $V_8 = 2,546$ m³; $V_Z = 2,5$ m = 2,827 m³
Als Werbefläche steht die Oberfläche der Säule ohne Boden und Deckfläche, also der „Mantel" zur Verfügung.
$M_6 = 6 \cdot 0,6 \cdot 2,5 = 9$ m²
$M_8 = 8 \cdot 0,459 \cdot 2,5 = 9,184$ m²
$M_Z = 1,2$ m $\cdot \pi \cdot 2,5$ m = 9,425 m²

18 *Zeltmodelle*
a) Gewicht, Preis, Material(-qualität)

b)

Preis	680 €	750 €	700 €
Gewicht	44 kg	40 kg	44 kg
Volumen	16,027 m³	26,69 m³	28,245 m³
Standhöhe	2,20 m	2,10 m	2,50 m
Standfläche	14,57 m²	15,3 m²	15,12 m²
Oberfläche	32,12 m²	37,48 m²	42,18 m²

214

19 *Containervolumen*
Zweimalige Anwendung der Berechnung des Flächeninhaltes für ein Trapez in m für die Grundfläche:
$0,5 \cdot (1,6 \text{ m} + 2,5 \text{ m}) \cdot 0,9 \text{ m} + 0,5 \cdot (1,5 \text{ m} + 2,5 \text{ m}) \cdot 0,7 \text{ m} = 3,245$ m²
$V = 3,245$ m² $\cdot 1,4$ m = 4,543 m³

20 *Turm von Hanoi*
Oberfläche der Grundplatte:
$O_G = 2 \cdot 45 \text{ cm} \cdot 15 \text{ cm} + 2 \cdot 2 \text{ cm} \cdot 15 \text{ cm} + 2 \cdot 2 \text{ cm} \cdot 45 \text{ cm} = 1590$ cm²
Oberfläche der Scheiben: $O_1 = \pi \cdot 12,5 \text{ cm} \cdot 2 \text{ cm} = 78,54$ cm²;
$O_2 = \pi \cdot 10 \text{ cm} \cdot 2 \text{ cm} = 62,83$ cm²; $O_3 = \pi \cdot 7,5 \text{ cm} \cdot 2 \text{ cm} = 47,12$ cm²;
$O_4 = \pi \cdot 5 \text{ cm} \cdot 2 \text{ cm} = 31,42$ cm²; $O_5 = \pi \cdot 2,5 \text{ cm} \cdot 2 \text{ cm} = 15,71$ cm²
Ein Modell hat also eine Oberfläche $O_{Gesamt} = 1826,62$ cm² und für zehn Stück benötigt man Lasur für 1,827 m²; die Dose reicht aus.

214 ⟨21⟩ *Granitbecken*
a) Gesucht: Steinvolumen
  $2 \cdot 0{,}5 \cdot (20\,\text{cm} + 40\,\text{cm}) \cdot 17{,}3\,\text{cm} = 1038\,\text{cm}^2$
  $2 \cdot 0{,}5 \cdot (18\,\text{cm} + 36\,\text{cm}) \cdot 15{,}6\,\text{cm} = 842{,}4\,\text{cm}^2$
  $1038\,\text{cm}^2 - 842{,}4\,\text{cm}^2 = 195{,}6\,\text{cm}^2$ (Äußerer – innerer Ring)
  $V_{\text{Wand}} = 195{,}6\,\text{cm}^2 \cdot 15\,\text{cm} = 2934\,\text{cm}^3$
  $V_{\text{Boden}} = 1038\,\text{cm}^2 \cdot 5\,\text{cm} = 5190\,\text{cm}^3$
  Gesamt: $2934\,\text{cm}^3 + 5190\,\text{cm}^3 = 8124\,\text{cm}^3$
  Der Brunnen wiegt $8124 \cdot 2{,}8\,\text{g} = 22{,}7472\,\text{kg}$.
b) Die Oberfläche setzt sich zusammen aus dem Boden von unten und von innen, dem Rand oben und den Seitenflächen außen und innen.
  $O = 1038\,\text{cm}^2 + 842{,}2\,\text{cm}^2 + 195{,}6\,\text{cm}^2 + 6 \cdot 20\,\text{cm} \cdot 20\,\text{cm} + 6 \cdot 18\,\text{cm} \cdot 15\,\text{cm} = 6095{,}8\,\text{cm}^2$

215 ⟨22⟩ *Dachformen*
a) Satteldach, Mansardendach, Pultdach. Messen muss man alle Maße, die man zur Berechnung der „Grundfläche" (Teil des Giebels) braucht, sowie die Länge des Daches.
b) Links: Satteldach; Rechts: Mansardendach; Pultdach siehe Schülerband.

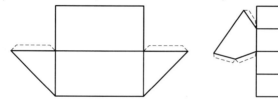

⟨23⟩ *Satteldach*
a)

	38°-Neigung	48°-Neigung
Giebelhöhe	3,9 m	5,6 m
Dachkante mit Überstand	7 m	8,2 m

b)

	38°-Neigung	48°-Neigung
Giebelfläche	19,5 m²	28 m²
Volumen des Dachraumes	234 m³	336 m³
Dachfläche	168 m²	196,8 m²

c) Gemessene Werte:
Breite der Decke in 2,5 m Höhe: 3,6 m bzw. 5,5 m

	38°-Neigung	48°-Neigung
umbauter Raum	204 m³	232,5 m³
Anteil mit geringer Raumhöhe	96 m³ (47 %)	67,5 m³ (29 %)
Speicherraum	30,24 m³	102,3 m³

Nur bei der 48°-Neigung kann man im Speicherraum noch einen weiteren Raum mit 2,50 m Höhe einrichten.
Achtung: Rundung beim Messen führt dazu, dass die errechneten Werte nicht exakt sind.

215 24 Mansardendach und Pultdach

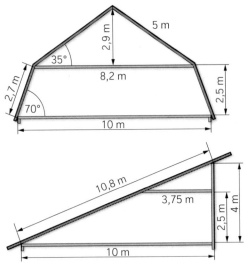

	Mansardendach	Pultdach
Giebelfläche	34,64 m²	20 m²
Volumen des Dachraumes	415,68 m³	240 m³
Dachfläche ohne Überstand	184,8 m²	129,6 m²
umbauter Raum	273 m³	206,25 m³
Anteil mit geringer Raumhöhe	27 m³ (10 %)	93,75 m³ (45 %)
Speicherraum	142,68 m³	33,75 m³

216 25 Deichformen

a) Deich um 1600:
   Querschnittsfläche: 33,9 m²
   Steigung vom Meer aus: 30 %
   Steigung vom Land aus: 100 %
   Deich um 1930:
   Querschnittsfläche: 132,4 m²
   Steigungen vom Meer aus: 10 %, 16 %, 25 %
   Steigung vom Land aus: 51 %

b) 101 700 m³ bzw. 397 200 m³ Sand; das ist eine Steigerung um rund 390 %.

c) Querschnittsfläche Sandkern und Kleidecke: 425,1 m²
   Die Querschnittsfläche der Kleidecke lässt sich nur sehr grob abschätzen, indem man die Flächen in den einzelnen Segmenten als Parallelogramme annähert.
   $A_K = 0{,}8 \, (10 + 25 + 25) + 3 \cdot 1 + 0{,}5 \, (14 + 13 + 10) \approx 70 \, m^2$
   Für den Sandkern ergibt sich damit eine Querschnittsfläche der Größe $A_S \approx 355 \, m^2$.
   Volumen des Sandkerns: 355 000 m³
   Volumen der Kleidecke: 70 000 m³

216 (25) d) Dies ist eine „offene" Aufgabe, bei der verschiedene Lösungen denkbar sind; diese sollten bei vorhandener Zeit verglichen und diskutiert werden.
Über die Querschnittszeichnung werden die verschiedenen Möglichkeiten bewusst: Man kann zu der Höhe 9,50 nun einfach die Parallelen zu den Böschungen zeichnen und die anderen Größen (Breiten, Dicke der Kleidecke) beibehalten. Durch Anwendung der Flächeninhaltsformeln kann nun das jeweils benötigte Volumen berechnet werden. In diesem Fall behält der Deich seine alte Breite.
Die Querschnittsfläche von Sandkern und Kleidecke vergrößert sich dann auf rund 542 m², die Querschnittsfläche der Kleidecke bleibt bei rund 70 m² und für die Querschnittsfläche des Sandkerns gilt dann 472 m².
Das Volumen des Sandkerns ist dann rund 472 000 m³, das sind 33 % mehr als vorher. Einige Schüler werden sicher auf die Idee kommen, auch die Breiten entsprechend der Höhenänderung zu verändern. Hier kann dann intuitiv (oder vorbereitend) mit den entsprechenden Verhältnissen gearbeitet werden, hierzu kann ggf. auch auf Proportionalität oder Dreisatz zurückgegriffen werden. In diesem Fall vergrößert sich die Querschnittsfläche von Sandkern und Kleidecke auf rund 570 m², die Querschnittsfläche der Kleidecke auf rund 95 m² und für die Querschnittsfläche des Sandkerns gilt dann 475 m².
Das Volumen des Sandkerns ist dann rund 475 000 m³, das der Kleidecke 95 000 m³. Der Deich ist dann fast 116 m breit. Möglich ist auch, nur die Seeseite entsprechend zu verändern. Es kann diskutiert werden, ob man die Dicke der Kleischicht dann auch vergrößern sollte oder ob sie beibehalten werden kann.

217 (26) *Optimierung der Wasserrinne*
$r = 11{,}5$ cm

a)
	1	2	3	4
V in cm³	12 464	8 640	9 720	8 640
%	100	69,3	78	69,3

b) Bei einem Neigungswinkel von 90° bis 135° wird das Volumen der Rinne größer, von 135° bis 180° Neigungswinkel wird das Volumen kleiner. Der optimale Neigungswinkel beträgt 135°.

Kopfübungen
1. 8 %
2. Falsch
3. 27
4. 168 m²
5. −37,8 °C
6. Zweite Stufe von oben nach unten: $\frac{1}{4}$; $\frac{3}{4}$; $\frac{1}{2}$
   Dritte Stufe von oben nach unten: $\frac{3}{12} = \frac{1}{4}$; $\frac{2}{6} = \frac{1}{3}$; $\frac{2}{6} = \frac{1}{3}$
7. a) 3 m²; b) $x \cdot 0{,}5$ m²

6 Flächen- und Rauminhalte

218 **27** *Mathematik in der Zeitung*
a) "Mathematik" taucht auf in folgenden Aspekten des Artikels: Volumina (Kubikmeter, Raummeter, Festmeter), Längen- und Dickenmessungen (Höhe, Länge, Tiefe, Kluppen des Durchmessers, Länge des Stammes) sowie in (impliziten) Modellierungen (Die Querschnitte von Baumstämmen sind kongruente Kreise, d. h. es gibt tatsächlich einen „Durchmesser" eines Baumstammes. Tatsächlich sind die Stämme exakt weder kreisrund noch gleichdick, es gibt zwar Baumtypen wie die Kiefer bei denen dies recht gut zutrifft, in der Regel gibt es aber deutliche Abweichungen.).
b) Sicherlich müsste man einem mathematisch versierten Leser weder die Berechnung des Volumens eines Quaders („Höhe mal Länge mal Tiefe") noch eines Zylinders („Kreisfläche mal Höhe") erklären. Die weiteren Angaben sind aber normative oder deskriptive Modellbildungen, die auch der Mathematiker bestenfalls „erahnen" kann.
c), d), e) Betrachtet man das Verhältnis von Quadratfläche zu Kreisfläche, bzw. Quadervolumen zu Zylindervolumen (jeweils mit Seitenlänge 2r bzw. Radius r), so ergäbe sich ein Umrechnungsfaktor von etwa 0,785. Aufgrund der Abweichungen vom Zylinder und vom idealisierten „Stapeln von mathematischen Zylindern" ergibt sich aber ein größerer Raumbedarf für die Baumstämme und somit dieser empirisch ermittelte Näherungswert von 0,7. Werden die Stämme nicht gestapelt, sondern geschüttet, verringert sich dieser Umrechnungs-Faktor sogar auf etwa 0,45 bis 0,5.

219 **28** *Die optimale Dose*
a) Wirtschaftlichkeit im Materialverbrauch, optische Anmutung, Sehgewohnheiten der Verbraucher, Zweck

b)

r (in cm)	h (in cm)	V (in cm³)	O (in cm²)
1	270,6	850	1706,3
2	67,6	850	875,1
3	30,1	850	623,2
4	16,9	850	525,5
5	10,8	850	497,1
6	7,5	850	509,5
7	5,5	850	550,7
8	4,2	850	614,6
9	3,3	850	697,8
10	2,7	850	798,3

Berechnung der Höhe: $h = \frac{850}{r^2 \pi}$. Die Tabelle zeigt den geringsten Materialverbrauch bei folgenden Abmessungen: $r = 5$ cm; $h \approx 10,8$ cm. Das Verhältnis d:h ist 0,93. Der Materialverbrauch scheint dann am geringsten zu sein, wenn Durchmesser und Höhe der Dose nahezu gleich sind.

29 *Rotationszylinder*
a) (1) r = 3 cm   (2) r = 2 cm   (3) r = 6 cm   (4) r = 4 cm
      h = 4 cm   h = 6 cm   h = 4 cm   h = 6 cm
      M ≈ 75,4 cm²   M ≈ 75,4 cm²   M ≈ 150,8 cm²   M ≈ 150,8 cm²
      V ≈ 113,1 cm³   V ≈ 75,4 cm³   V ≈ 452,4 cm³   V ≈ 301,6 cm³

b) Ingmar hat nur bezüglich der Mantelflächen recht: Da sich die Radien jeweils verdoppeln, verdoppeln sich die Mantelflächen (linearer Zusammenhang). Die Volumina vervierfachen sich (quadratischer Zusammenhang).

219 ⟨30⟩ *Gute Schätzwerte gesucht*
a) Abmessungen der Litfaßsäule: Höhe der maximalen Werbefläche: 3,60 m; Durchmesser: 1,20 m
   Maximale Werbefläche: etwa 13,5 m²
   Das Rundumplakat bindet die gesamte Werbefläche. Es kostet pro Tag etwa 4 428 €, für 6 Wochen etwa 185 976 €.
b) Der „Riesenbleistift" ist etwa 6 m hoch.
   $r_a \approx 12{,}73$ cm $r_i \approx 11{,}53$ cm
   $V \approx \pi \cdot 600(12{,}73^2 - 11{,}53^2)$ cm³ $\approx 54\,900$ cm³
   Gewicht $\left(\rho = 7{,}86 \frac{g}{cm^3}\right)$: etwa 431,5 kg
c) Volumen eines Heuballen: $V \approx 1{,}357$ m³.
   Gewicht eines Heuballen: 271,4 kg < G < 407,2 kg.
   Der Wagen ist mit 14 Heuballen beladen, die Last beträgt 3,8 t bis 5,7 t.

6.4 Raumvorstellung

220 ⟨1⟩ *Aus einem Einstellungstest*
Figur D

⟨2⟩ *Aus einem Eignungstest für Piloten*
a) (3)   b) (2)   c) (4)

222 ⟨3⟩ *Prismen zusammensetzen*
D – H; A – G; E – I; F – K; B – C; A – D; A – H

⟨4⟩ *Ansichten von Körpern*
a) 3. Ansicht   b) 3. Ansicht   c) 4. Ansicht   d) 2. Ansicht

223 ⟨5⟩ *„Kipp-Bilder"*
a) Es sind alle Kanten zu sehen, aber da es sich um dreidimensionale Objekte in einer zweidimensionalen Zeichnung handelt, ist nicht klar, welches die vorderen und welches die hinteren Kanten sind. Dadurch springt das Auge von einer zur anderen Ansicht.
b) Der Kippeffekt verschwindet, wenn man den Körper nicht mehr transparent zeichnet, wenn also die Kanten, die man eigentlich nicht sehen kann, weggelassen werden.

⟨6⟩ *Sechseckprisma*

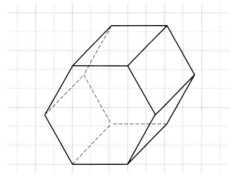

6 Flächen- und Rauminhalte

223 **7** *Dreiecksprisma*
a) Siehe Schülerband.
b)

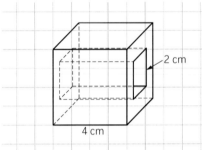

8 *Werkstück*
a) Siehe Schülerband.
b)

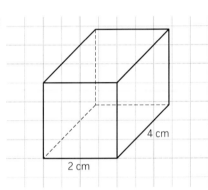

c)

9 *Überflüssige Flächen*
a) 4   b) 4, 10, 11   c) 5, 8, 9

224 **10** *Vierecke als Schnittflächen an Körpern*
a) Wie in Aufgabe b), 2. Figur, nur den Schnittpunkt nicht an der Ecke, sondern kurz davor ansetzen und bis zur Diagonale schneiden.
b) Wird ein Schnitt an einer Ecke begonnen oder zu einer Ecke/Kante geführt, entstehen immer Dreiecke. Beginnt man einen diagonalen Schnitt auf zwei Kanten und führt ihn zur Diagonalen, entstehen Trapeze. Beginnt man den Schnitt auf zwei Kanten und führt ihn zu zwei anderen Kanten (nicht zur Raumdiagonale), entsteht eine vieleckige Schnittfläche.
c) Beim Diagonalschnitt des Pyramidenstumpfes ergeben sich dieselben Schnittflächen wie beim Würfel, wenn der Schnitt an einer Ecke begonnen wird oder von zwei Kanten aus auf eine Kante/Ecke zugeführt wird. Somit entstehen immer Dreiecke. Beginnt man den Schnitt auf zwei Kanten und führt ihn zu zwei anderen Kanten (nicht zur Raumdiagonale), entsteht eine vieleckige Schnittfläche. Dasselbe gilt auch für die zweite Figur, die Neigungswinkel sind lediglich anders.
Beim Kegelstumpf entstehen nur Trapeze oder Kreise, wenn man parallel zur Grundfläche schneidet.

224 Kopfübungen
1. (B) an selber Stelle
2. a) $\alpha = \beta = 10°$; b) $\alpha = \beta = 40°$; c) $\alpha = \beta = 89°$
3. (A)
4. 22,5 h
5. a) -9; b) 7
6. a) 15 Minuten; b) $17\frac{5}{6}$ Minuten, also 17 Minuten und 50 Sekunden;
   c) 30 Minuten
7. 6 Tage

225

11 *Netz und Schrägbild*
1 → d; 2 → e; 3 → f; 4 → b; 5 → a; 6 → c

12 *Aus einem Intelligenztest*
a) Es entsteht der Körper B. Wichtig hierbei ist die Beachtung der Dreiecksflächen, die beim Hochklappen genau ineinandergreifen.
b) Schüleraktivität.
c) Das Netz gehört zu Körper C.
d) A

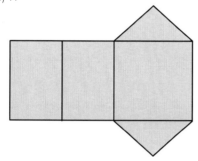

D

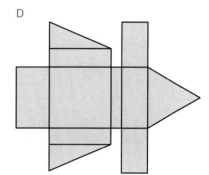

E

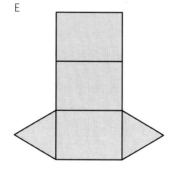

Kapitel 7
Statistik

Didaktische Hinweise

In diesem Kapitel werden die bereits in den Bänden 5 (*Zahlen in Bildern*), 6 (*Statistische Daten*) und 7 (*Prozente in Tabellen und Diagrammen*) angesprochenen Elemente der beschreibenden Statistik wieder aufgegriffen und der Altersstufe angemessen erweitert. Bei größeren Datenmengen wird dabei verstärkt die Tabellenkalkulation als Werkzeug eingesetzt.

In dem Lernabschnitt **7.1** *Daten und Diagramme* geht es dabei zunächst noch einmal um das Darstellen von Daten und die Wahl einer jeweils sinnvollen Darstellungsart. Kriterien für die Darstellungsarten Säulen-, Balken-, Kreis-, Torten und Liniendiagramm sind im Basiswissen (S. 235) zusammenfassend dargestellt. In der zweiten grünen Ebene wird exemplarisch auch das bewusste Täuschen durch „schlecht gewählte" Diagrammtypen thematisiert.

Im Lernabschnitt **7.2** bilden die Interpretation und sachgerechte Verwendung der verschiedenen *Mittelwerte, Streumaße, Boxplots* einen Schwerpunkt. An Beispielen aus unterschiedlichen Anwendungsbereichen werden arithmetisches Mittel, Median und Modalwert ebenso gegenübergestellt und verglichen, wie Spannweite und Quartile als Streumaße. Hierbei wird auch die Verwendung von Boxplots zur übersichtlichen Darstellung dieser Lage- und Streuparameter behandelt.

Der letzte Lernabschnitt **7.3** *Sammeln und Auswerten von Daten* gibt zusammenfassend Tipps zur Durchführung und Auswertung von Projekten aus dem Bereich der beschreibenden Statistik und regt dazu an, die Schülerinnen und Schüler eine selbstgeplante statistische Untersuchung durchführen zu lassen.

Lösungen

7.1 Daten und Diagramme

234 **1** *Interpretationen*

Anzahl an Kindern mit Geschwistern: $2 \cdot 990 + 3 \cdot 210 + 4 \cdot 45 + 5 \cdot 15 = 2865$

Es stimmt, dass mehr als die Hälfte aller Kinder Geschwister hat.

Kinder mit				
0 Geschwister	1 Geschw.	2 Geschw.	3 Geschw.	4 oder mehr Geschw.
1 710	1 980	630	180	75

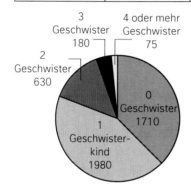

2 *Diagramme interpretieren*

a) Im Diagramm ist der prozentuale Anteil an weiblichen und männlichen Rauchern in verschiedenen Altersgruppen im Jahr 2012 dargestellt. Es handelt sich um ein Balkendiagramm.

b) Beispiellösung:

Ist Rauchen noch Trend?

In den Medien ist das Thema Rauchen immer wieder einmal vertreten. Ob Raucherbein oder Krebs, oft werden die gesundheitlichen Folgen des Rauchens diskutiert. Doch wie sieht es eigentlich mit dem Anteil der Raucher in Deutschland aus? Ist Rauchen noch so aktuell? Geht man nach aktuellen Statistiken, so muss man sich um die Gruppe der 18- bis 39-Jährigen Sorgen machen. Fast die Hälfte der Männer dieser Altersgruppe raucht. Mit steigendem Alter nimmt die Tendenz zum Rauchen dann aber ab, von den 50- bis 59-Jährigen raucht nur noch ein Drittel, bei den 70- bis 79-Jährigen sogar nur noch rund ein Zehntel. Insgesamt raucht in allen Altersschichten ein höherer Anteil der Männer als der Frauen. Rauchen ist also immer noch ein aktuelles Thema und die gesundheitliche Aufklärung über diesen Trend sollte weiter vorangetrieben werden.

c) Schüleraktivität.

236 **3** *„Forschungsauftrag"*

Schüleraktivität.

236

4 *Jugend und Medien*

a) Ein Kreisdiagramm ist hier unmöglich, da es z.B. Jugendliche gibt, die sowohl das Handy als auch das Internet täglich oder mehrmals wöchentlich benutzen. Laut der Statistik nutzen 89 % der Befragten das Handy häufig und 89 % das Internet. Generell kann man Kreisdiagramme nicht nutzen, wenn für die Befragten eine Mehrfachauswahl möglich ist.

b)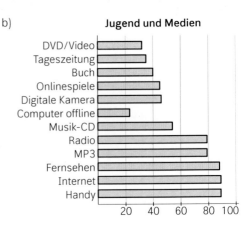

237

5 *Heimtiere in Deutschland*

Tierart	Anzahl
Katze	8,2 Mio
Hunde	5,3 Mio
Kleintiere	5,3 Mio
Terrarien	0,4 Mio
Aquarien	2,0 Mio
Gartenteiche	2,2 Mio
Ziervögel	3,5 Mio

Alter der Heimtierhalter	Anteil in Prozent
bis 29 Jahre	9
30 bis 39 Jahre	16
40 bis 49 Jahre	26
50 bis 59 Jahre	19
über 60 Jahre	30

Tierart	Anteil der Haushalte in Prozent
Katzen	16,3
Hunde	13,2
Kleintiere	5
Terrarien	1,2
Aquarien	4,3
Gartenteiche	4,1
Ziervögel	4,9

Haushaltsgröße	Anteil in Prozent
1 Person	26
2 Personen	35
3 oder mehr Personen	39

237 6 *Pkw-Farben im Wandel der Zeit*

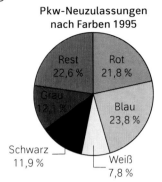
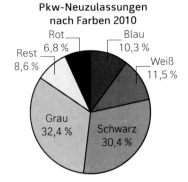

Beispiellösung:
Wandel bei den Autofarben
Die Farbvorlieben der Autofahrer haben sich in den letzten 25 Jahren stark geändert. Führte die Farbe schwarz 1985 noch ein Schattendasein, avancierte sie seit den 90ern zu einer der meistgewählten Autofarben. Die Beliebtheit von rot und blau schwankte in den 25 Jahren sehr stark. Rot wurde besonders 1990 oft gewählt (25 %), während blau in den 2000ern zum Liebling wurde (24 %). Einer großen Beliebtheit erfreute sich seit der Jahrtausendwende die Farbe grau, die im Jahr 2005 fast die Hälfte aller Autos zierte. Insgesamt ging der Trend weg von farbenfrohen Autos (nur noch ein Viertel) und hin zu den eher gedeckten Farben grau, schwarz und weiß.

7 Woher kommt die dicke Luft?

a)

Emissionen im Jahr 2011	
Land	Emissionen pro Kopf in Tonnen
Deutschland	9,8
China	6,7
USA	19,3
Russland	11,7

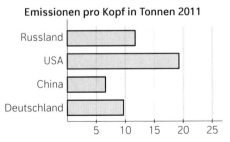

Die größte Emission von Kohlenstoffdioxid pro Kopf wurde von den USA verursacht. Es folgen Russland und Deutschland. Der geringste Pro-Kopf-Ausstoß wurde von China erzielt.

b)

Jahr 2014	Deutschland	China	USA	Russland
CO_2-Fußabdruck	800 Mio t	9860 Mio t	5900 Mio t	1700 Mio t
Bevölkerung	81,2 Mio	1367 Mio	319 Mio	144 Mio

237 [7]

Emissionen im Jahr 2014	
Land	Emissionen pro Kopf in Tonnen
Deutschland	9,8
China	7,2
USA	18,5
Russland	11,8

Die Pro-Kopf-Emissionen haben sich in Deutschland und Russland kaum geändert. Ein leichter Rückgang kann bei den USA verzeichnet werden. Ein Anstieg an Kohlenstoffdioxid-Emissionen ist dagegen in China erfolgt.

239 [8] *Fast Food im Vergleich*
a) Vergleich von Fastfood-Produkten portionsweise.

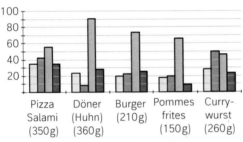

Zur objektiven Vergleichbarkeit ist es allerdings erforderlich, alle Angaben für die Produkte auf 100-g-Portionen umzurechnen. Die Tabelle aus dem Schülerband sieht dann so aus:

	Energiegehalt in 100 kJoule	Fett in g	Kohlenhydrate in g	Eiweiß in g
Pizza Salami 100 g	10,0	12,0	16,0	10,0
Döner (Huhn) 100 g	6,5	2,4	25,3	7,9
Big Mäc 100 g	9,4	11,0	18,0	12,0
Pommes frites 100 g	12,2	13,0	44,0	6,0
Currywurst 100 g	11,0	19,1	17,6	9,0

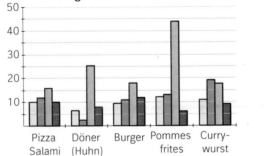

Erst jetzt erkennt man, dass das energieärmste Fastfood-Produkt der Huhn-Döner ist. Dazu passt, dass sein Fettanteil auch am kleinsten ist.
Das energiereichste Produkt sind 100 g Pommes frites. Sie werden aus Kartoffeln gemacht und bestehen fast zur Hälfte aus Kohlenhydraten (Stärke). Darüber hinaus enthalten sie auch – herstellungsbedingt – einen hohen Fettanteil. Pizza und Big Mac erscheinen in ihrer Zusammensetzung ausgewogen. Das relativ fettigste Produkt ist die Currywurst.

239 8 b) Im nächsten Diagramm ist dargestellt, welchen prozentualen Anteil an Energie die einzelnen Fast-Food-Produkte zum täglichen Energiebedarf liefern (Zahlen in % von 7 200 kJoule).

Pizza Salami	Döner Huhn	Big Mäc	Pommes frites	Currywurst
48,6	32,3	27,4	25,4	39,7

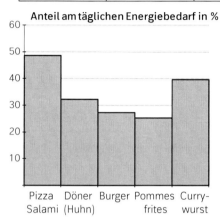

Wie man sieht, ist mit einer Pizza und einer Currywurst der tägliche Energiebedarf schon zu fast 90 % gedeckt. Oder: die beliebte „Curry mit Pommes" liefert schon rd. 2/3 des täglichen Energiebedarfs.

9 Der Weg zur Arbeit

a) **Verkehrsmittelwahl von Berufstätigen 2012**

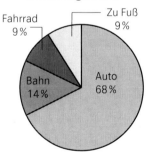

b) **Länge des Arbeitsweges von Berufstätigen 2012**

c) **Zeit für den Arbeitsweg von Berufstätigen 2012**

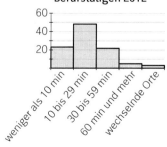

239 **10** *Punkt-Diagramm*
a) (1) Saisonbeginn (2) nach der Winterpause

Gewicht kg	Anzahl
65	1
69	1
71	2
72	1
75	2
77	1
78	1
80	2
81	1
84	3
89	1
91	2

Gewicht kg	Anzahl
63	1
69	1
74	1
75	2
78	3
80	1
84	2
86	2
87	1
88	1
90	1
93	1
95	1

b) Punkt-Diagramm für Gewichtsverteilung nach der Winterpause

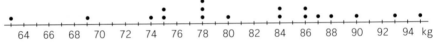

Im Vergleich zum Punktdiagramm zum Saisonbeginn im Schülerband sieht es so aus, dass die Mehrheit der Spieler etwas an Gewicht zugenommen hat. Aber mindestens einer hat auch abgenommen, er wiegt nur noch 63 kg.

11 *Goldkurs*
a) Eine Feinunze entspricht 31,10 Gramm Gold.
b) Der Goldpreis für eine Feinunze schwankte in den dargestellten drei Jahren zwischen 1200,00 und 1900,00 Euro. Tendenziell stieg der Goldpreis bis zum Jahr 2012 an und fiel dann bis Mitte des Jahres 2013 unter den Wert von 2011.
c) Der Goldpreis zeigt Schwankungen um bis zu 700 Euro, er ist nicht stabil.

240 **12** *Klimadiagramm*
a) Der kahle Asten ist der dritthöchste Berg im Rothaargebirge im Hochsauerlandkreis.
b) Das Maximum der Temperatur wird mit 13,5 °C zwischen Juli und August erreicht. Im Januar wird das Temperaturminimum bei minus 3 °C erreicht. Das Jahresmittel der Temperatur liegt bei ca. 5 °C. Zwischen Mitte November und März kommt es zu Frost. Der Jahresniederschlag liegt bei ca. 1400 mm, wobei die höchste Niederschlagsrate im Januar mit rund 150 mm erreicht wird. Der niederschlagärmste Monat ist der Mai mit nur rund 90 mm. Im Durchschnitt regnet es 120 mm pro Monat. Die regenreichsten Monate liegen im Winter und Sommer. Im Frühjahr sind die Niederschlagswerte am geringsten.

240 12 c)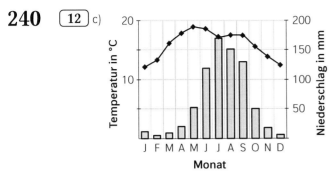

Die monatlichen Durchschnittswerte der Temperaturen schwanken zwischen 12 °C im Winter und gerade mal 19 °C im Sommer. Im Winter fällt nur wenig Niederschlag, aber in den Monaten Juni bis September kommen erhebliche Regenmengen, fast 80 % der Jahresmenge, auf die Stadt Mexiko nieder.

240 [13] *Oscar-Gewinner – „And the winner is ..."*
Alter von Oscar-Gewinnern in der Kategorie Hauptdarsteller seit 1987

a) Im Zeitraum ab 1987 überwiegen in der Kategorie Hauptdarsteller bei den männlichen Oscar-Gewinnern die 30- bis 50-jährigen. Nur ein Viertel der Oscar-Gewinner war bei der Preisverleihung älter als 50 Jahre. Der jüngste Gewinner war erst dreißig Jahre alt.

b)

Jahr	Gewinnerin	Alter bei Verleihung
1987	Marlee Matlin	22
1988	Cher	42
1989	Jodie Foster	27
1990	Jessica Tandee	81
1991	Kathy Bates	43
1992	Jodie Foster	30
1993	Emma Thompson	34
1994	Holly Hunter	36
1995	Jessica Lange	46
1996	Susan Sarandon	50
1997	Frances McDormand	40
1998	Helen Hunt	35
1999	Gwyneth Paltrow	27
2000	Hilary Swank	26
2001	Julia Roberts	34
2002	Halle Berry	36
2003	Nicole Kidman	36
2004	Charlize Theron	29
2005	Hilary Swank	31
2006	Reese Witherspoon	30
2007	Helen Mirren	62
2008	Marion Cotillard	33
2009	Kate Winslet	34
2010	Sandra Bullock	46
2011	Natalie Portman	30
2012	Meryl Streep	63
2013	Jennifer Lawrence	23
2014	Cate Blanchett	45
2015	Julianne Moore	55

Damit lässt sich folgendes Stängel-Blatt-Diagramm erstellen:

```
2 | 236779
3 | 000134445666
4 | 023566
5 | 05
6 | 23
8 | 1
```

Im Vergleich sind die weiblichen Gewinner jünger, es gibt einige, die noch unter 30 sind. Insgesamt ist auch die Altersspanne größer als bei den männlichen Gewinnern.

240 [14] *Alter amerikanischer Präsidenten*
Die meisten amerikanischen Präsidenten (rund 60 %) waren bei ihrer Amtsübernahme zwischen 50 und 60 Jahre alt. Der Jüngste trat mit 42 Jahren, der älteste mit 69 an.

241 [15] *Histogramme*
Hinweis zur ersten Auflage: Die Aufgabenstellung fehlt: Zeichne selbst ein Histogramm für das Alter der weiblichen Oscar-Gewinner bei einer Klassenbreite von 10 Jahren.

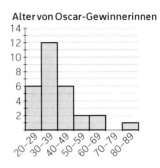

Alter von Oscar-Gewinnerinnen

[16] *Nochmals: Alter amerikanischer Präsidenten beim Amtsantritt*
Histogramm für das Alter amerikanischer Präsidenten bei Amtsantritt

Alter	Absolute Häufigkeit
40 – 44	2
45 – 49	6
50 – 54	13
55 – 59	12
60 – 64	7
65 – 69	3

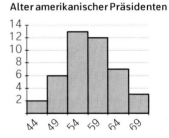

Alter amerikanischer Präsidenten

Da die Altersklassen gleich breit sind, kann die absolute Häufigkeit als Höhe des Recktecks genommen werden.

Kopfübungen
1. 450 €
2. Fünfeckprisma
3. $x = -10$
4. $U = 80\,m$; $A = 364\,m^2$
5. $c = -2$; $d = -3$
6. ca. 75 064
7. $y = \frac{5}{x}$

242 ⟨17⟩ *Einschaltquoten*

Mit steigenden Zuschauerzahlen scheint auch der Marktanteil des Senders zu steigen. Auffällig sind aber die Daten zum Wochenende: Obwohl die Zuschauerzahlen von Samstag auf Sonntag zunehmen, sinkt der Marktanteil.
Für eine genauere Analyse errechnet man aus den gegebenen absoluten prozentualen Angaben die Gesamtzahlen aller Fernsehteilnehmer.

Wochentag	Zuschauerzahl zzyzx–TV	Marktanteil %	Gesamtzuschauerzahl
Montag	285 000	4,3	6 627 907
Dienstag	175 000	2,75	6 363 636
Mittwoch	175 000	3,2	5 468 750
Donnerstag	270 000	3,75	7 200 000
Freitag	245 000	4,15	5 903 614
Samstag	400 000	6,45	6 201 550
Sonntag	550 000	5,1	10 784 314

Man sieht nun sehr schön, dass am Sonntag der Marktanteilschwund trotz gleichzeitiger Zunahme der Zuschauerzahl für zzyzx-TV auf einem großen Anstieg der Gesamtzahl aller Fernsehteilnehmer an diesem Tag beruht. Insofern gibt es keine Widersprüche im Diagramm.

⟨18⟩ *Häufigkeiten von Buchstaben in der deutschen Sprache*
a) Der häufigste Buchstabe in der deutschen Sprache ist das „e", gefolgt von „n", „i", „r" und „s". Am seltensten werden die Buchstaben „q", „x", „y" und „j" verwendet.
b) Man ermittelt die Häufigkeitsverteilung der Buchstaben des verschlüsselten Textes. Sofern der Text nicht zu kurz ist, ist dann der am häufigsten auftretende Buchstabe die Verschlüsselung für e, der zweithäufigste Buchstabe des Textes die Verschlüsselung für n und so weiter.

243 ⟨19⟩ *Forschungsauftrag: Puls vor und nach körperlicher Betätigung*
Schüleraktivität.

⟨20⟩ *Diagramme können täuschen*
Es ist klar, der Trick mit den schiefen Koordinaten der den „überragenden" Erfolg von „7-täglich" veranschaulichen soll. Das sieht bei einem objektiven Vergleich jedoch anders aus:

Ausgabennr.	1	2	3	4	5	6
7-täglich	100	150	150	200	250	300
Woche um Woche	150	200	250	300	350	350

Die Verzerrung führt dazu, dass auf den ersten Blick „7-täglich" dem Magazin „Woche um Woche" deutlich überlegen erscheint.

7.2 Mittelwerte, Streumaße, Boxplot

244 **1** *Statistik als Entscheidungshilfe*
Das arithmetische Mittel der Wartezeiten der beiden Skilifte liegt recht nah beieinander, für Lift A sind das 9,95 und für Lift B 10,06 Minuten. Der Median liegt bei Lift A bei 7,5 und bei Lift B bei 9 Minuten. Insgesamt ist bei Lift B die Spannweite größer, von 2 bis 35 Minuten, andererseits ist der Bereich, in dem die Hälfte aller Werte liegt, kleiner als bei A, nämlich zwischen 7 und 11 Minuten im Vergleich zu 5 bis 15,5 Minuten.

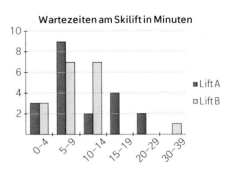

245 **2** *Monatstemperaturen – Was Mittelwerte verschweigen*
Zur übersichtlichen Darstellung der Temperaturverläufe bietet sich ein Liniendiagramm an. Hierbei zeigt sich, dass zwar alle drei Städte dieselbe mittlere Jahrestemperatur haben, aber die Temperaturschwankungen sehr unterschiedlich sind. Während die Temperaturen in Quito nur um ca. ein Grad Celsius schwanken, zeigen sich beispielsweise in Washington Temperaturschwankungen von bis zu 23 Grad Celsius. Die mittlere Jahrestemperatur verschweigt somit Maximal- und Minimalwerte der Temperatur sowie die Temperaturverläufe im Jahr.

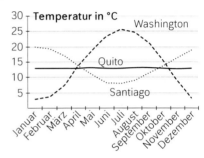

3 *Streit der Tarifpartner – Argumentieren mit „Mittelwerten"*
Der Gewerkschaftsvertreter bestimmt den Median, während die Geschäftsleitung das arithmetische Mittel berechnet.

4 *Erforschen eines speziellen statistischen Diagramms*
a) siehe c)
b) Arithmetisches Mittel · Teilnehmerzahl = gelaufene Gesamtstrecke
2596,4 · 23 = 59 096,2 m ≈ 59,1 km.
Der Median ist der mittlere Wert (Zentralwert) aller Daten. Er beträgt 2400 m; rechts und links vom Median liegen die Ergebnisse von jeweils 11 Teilnehmern. Das arithmetische Mittel ist durch die Ausreißer im oberen Quartil zu stark beeinflusst.
c) Vorschlag für Zeitungsartikel
An der Aktion „Laufen für Bolivien" haben alle Schülerinnen und Schüler der Klasse 8c teilgenommen. Jeder durfte seine individuelle Laufstrecke einbringen. Die einzelnen Leistungen streuen natürlich sehr stark. Sie reichten von knapp unter 500 m bis fast 7000 m. Ein Viertel der Teilnehmer schaffte keine 1 000 m, die Hälfte der Teilnehmer lief zwischen 1 000 m und 2 400 m, das stärkste Viertel lief zwischen 3 500 m und 7 000 m. Der Durchschnitt lag bei rund 2 600 m. Am Ende kamen fast 60 km zusammen, und es gab 23 „Sieger", die ihr Bestes gegeben hatten.

247 **5** *Kurztraining*
a) Das arithmetische Mittel liegt bei 29,2 Minuten. Der Median liegt bei 28 Minuten.
b) Das arithmetische Mittel liegt bei 2,38 €. Der Median liegt bei 2,35 €.
c) Arithmetisches Mittel und Median liegen jeweils bei zwei Haustieren pro Haushalt.

247 ⬛ 6 ⬛ *Was passiert, wenn...*
a) Das arithmetische Mittel liegt bei 2, der Median bei 1,8.
b) Damit der Median ebenfalls bei 2 lieg, muss eine 1,8 durch den Wert 2 ersetzt werden.
c) Der Median verändert sich nicht, der Wert für das arithmetische Mittel steigt auf 2,7.

⬛ 7 ⬛ *Bilanzausgleich*
Im Vorjahr lief Susanne eine Gesamtstrecke von $12 \cdot 32{,}4\,\text{km} = 388{,}8\,\text{km}$. In diesem Jahr lief sie bis November nur eine Strecke von 325,6 km.
Um auf den Vorjahresdurchschnitt an zurückgelegten Kilometern zu kommen, muss Susanne im Dezember noch 63,2 km laufen.
$12 \cdot 32{,}4\,\text{km} - 11 \cdot 29{,}6\,\text{km} = 63{,}2\,\text{km}$

⬛ 8 ⬛ *Ballweitwurf – eine aussterbende Disziplin*
a) Auf der waagerechten Achse sind die Wurfweiten aufgetragen, auf der senkrechten Achse die Anzahl der TeilnehmerInnen, die diese erreicht haben (absolute Häufigkeit).
b) Die obere Tabellenzeile enthält die Ergebnisse von 8 Mädchen und 6 Jungen. Der Median liegt bei 36, das arithmetische Mittel bei $536 : 14 = 38$. Die untere Tabellenzeile enthält die Ergebnisse von jeweils 7 Jungen und Mädchen. Der Median hier liegt bei 42, das arithmetische Mittel bei $573 : 14 = 40{,}9$.
Die berechneten Mittelwerte spiegeln nicht gut die Verteilung der Leistung von Mädchen und Jungen wieder. Die eingeteilten Gruppen sind mit 14 SuS relativ klein und die fehlende Geschlechtertrennung berücksichtigt nicht, dass die Mädchen insgesamt kürzer werfen (bis max. 40 m) als die Jungen (40 – 64 m). Die ersten drei Balken des Histogramms spiegeln daher nur die Leistungen der Mädchen wieder, die darauffolgenden Balken nur die der Jungen.
c) Das arithmetische Mittel der Mädchen liegt bei 30,3 m, der Median bei 30 m. Das arithmetische Mittel der Jungen liegt deutlich höher bei 50,3 m, der Median bei 50 m.

248 ⬛ 9 ⬛ *Vergleich der Mittelwerte*
a) Der Modalwert gibt den am häufigsten vorkommenden Wert an und liegt hier bei 0 Kindern. Der Median liegt aufgrund der geraden Anzahl zwischen dem 501. und 502. Wert, er beträgt somit 1. Das arithmetische Mittel liegt bei $1448 : 1002 = 1{,}45$ Kindern.
Die Reihenfolge lautet folglich:
Modalwert < Median < arithmetisches Mittel
Die Verteilung lässt sich anhand der Verlagerung der Werte zu niedrigen Kinderzahlen vorhersagen.
b) Schüleraktivität. Als Beispiel könnte man die Verteilung aus a) nehmen und spiegeln. Andere Besipiele sind auch möglich.
c) Schüleraktivität. Z.B die Normalverteilung.

⬛ 10 ⬛ *Pulsfrequenz*
Anhand der Verteilung lässt sich vermuten, dass Median und arithmetisches Mittel zwischen Ende 60 und Anfang 70 Pulsschlägen liegen. Für den Median ergibt sich ein Wert von $\frac{68 + 69}{2} = 68{,}5$. Das arithmetische Mittel liegt bei $\frac{2061}{30} = 68{,}7$.

⬛ 11 ⬛ *Kinobesuch*
a) Die durchschnittliche Tageseinnahme beträgt $3885\,€ : 7 = 555\,€$.
b) Wenn man von zwei Preiskategorien (Parkett und Loge) ausgeht, die pro Sitzplatz ca 8 € bzw. 11 € kosten und annimmt, dass jeweils etwa gleich viele Karten verkauft werden, so ergibt sich der durchschnittliche Preis für eine Karte von 9,50 €. Bei einem Umsatz von 3 885 € pro Woche wurden demzufolge ungefähr $3885 : 9{,}5 = 409$ Karten verkauft.

248 ⟦12⟧ „Schlangen" im Supermarkt
a) Das Säulendiagramm zeigt die absoluten Häufigkeiten, mit der Kundenschlangen von 1 bis 9 Personen auftraten (auf Basis einer Beobachtung von 29 Zeitabschnitten).
Der Median und das arithmetische Mittel liegen jeweils bei 5 (144 : 29).

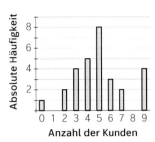

b) Die Kennwerte bieten keine Entscheidungshilfe für den Filialleiter. Der Filialleiter sollte für eine größere Zahl von Kunden die Wartezeit vom Anstellen am Ende der Schlange bis zum Erreichen der Kasse und zusätzlich die Zeit für die Ermittlung des Rechnungsbetrages messen und analysieren. Vermutlich werden auch eher die Kunden in den langen Warteschlangen unzufrieden werden, insbesondere dann, wenn sie nur wenige Waren im Korb haben Deshalb sollte er eine Schnellkasse für Kunden einrichten, die nur bis zu fünf Waren im Korb haben.

⟦13⟧ *Eigenschaften von Mittelwerten*
1) Die Aussage ist wahr, denn das arithmetische Mittel wird so berechnet: Gesamtsumme der Daten geteilt durch die Gesamtzahl n der Daten. Folglich ergibt das arithmetische Mittel multipliziert mit der Gesamtzahl die Gesamtsumme der Daten.
2) Die Aussage ist wahr, denn bei einer symmetrischen Datenverteilung liegen rechts und links vom Mittelwert die Datenmengen jeweils in gleicher „Höhe" bei gleichem Abstand vom Mittelwert.
Beispiel:

Punktzahl	1	2	3	4	5
Anzahl	2	3	8	3	2

Der Median und das arithmetische Mittel liegen bei 3.
3) Bei ungerader Datenanzahl gibt es immer einen mittleren Wert. Die Aussage ist ebenfalls wahr.
4) Die Aussage ist dann wahr, wenn es bei wenigen Datenwerten betragsmäßig große Ausreißer gibt. Bei großen Datenmengen reagiert das arithmetische Mittel nur wenig auf einzelne Ausreißer. Der Median verändert sich nicht, wenn sich durch den Ausreißer die Datenanzahl nicht ändert.
Beispiel:
1. Kleine Datenmenge ohne Ausreißer: 2 2 2 2 2 2 2
   Median = 2; arithmetisches Mittel = 2
   mit Ausreißer 2 2 2 2 2 2 2 11
   Median = 2; arithmetisches Mittel = 3
2. Große Datenmenge ohne Ausreißer: 2 2 2 2 2 2 2 2 2 2 2 2 2 2 2 2 2 2 2 2
   Median = 2; arithmetisches Mittel = 2
   mit Ausreißer: 2 2 2 2 2 2 2 2 2 2 2 2 2 2 2 2 2 2 2 10
   Median = 2; arithmetisches Mittel = 2,4

249 ⟦14⟧ *Wer kennt sich am besten aus?*
a) Der Median liegt bei 20, das arithmetische Mittel bei 23. Sven liegt mit seiner Punktzahl zwar oberhalb des Mittelwertes, aber noch nicht im oberen Quartil. Dies ist durch die beiden oberen Ausreißer bedingt.
b) Die Spannweite zwischen den einzelnen Punktzahlen beträgt 35.
c) Sven liegt 15 Punkte vom Minimum und 20 Punkte vom Maximum entfernt.

250 ⟨15⟩ *Kurztraining*

a) Schulwegzeiten nach ihrer Zeitdauer geordnet:
2 8 9 9 10 10 12 14 23 35

Minimum = 2, Maximum = 35, Median = 10,
unteres Quartil = 9, oberes Quartil = 14

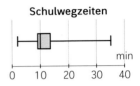

b) Die Monatlichen Wasserdurchnittstemperaturen nach ihrem Wert geordnet ergibt:
7,1 7,2 8,3 8,4 9,5 10,2 11,4 13,2 14,2 15,9 16,6 17,3

Minimum = 7,1, Maximum = 17,3,
Median = 10,8, unteres Quartil = 8,35,
oberes Quartil = 15,1

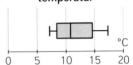

c) Die Anzahl an Haustieren muss geordnet werden zu:
0 0 0 1 1 1 1 1 1 1 1 2 2 2 3 3 3 3 8

Minimum = 0, Maximum = 8, Median = 1,
arithmetisches Mittel = 1,75,
unteres Quartil = 1, oberes Quartil = 2,5

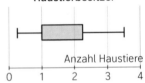

252 ⟨16⟩ *Boxplot und Daten*
Die Datenlisten a) und d) passen zum Boxplot.

⟨17⟩ *Histogramm und Boxplot*
Boxplot 1 repräsentiert das Histogramm B.
Boxplot 2 repräsentiert das Histogramm C.
Boxplot 3 repräsentiert das Histogramm A.

⟨18⟩ *Benzinverbrauch*
Für die Erstellung der Boxplots wurden die Daten von Beispiel B auf Seite 247 herangezogen.

Minimum = 6,0, Maximum = 8,3, Median = 7,2,
unteres Quartil = 6,8, oberes Quartil = 7,4

Minimum = 6,6, Maximum = 7,7, Median = 7,0, unteres Quartil = 6,8, oberes Quartil = 7,45

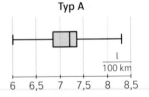

252 ⟨19⟩ *Hilfreiche Boxplots*
Boxplots könnten hilfreich sein bei Aufgabe 1 (Skilifte), Aufgabe 2 (Monatstemperaturen), Aufgabe 8 (Ballweitwurf, für Mädchen und Jungen getrennt), Aufgabe 9 (Vergleich der Mittelwerte), Aufgabe 11 (Kinobesuch) und Aufgabe 12 (Warteschlange im Supermarkt).

⟨20⟩ *„Schauspielerinnen reifen früher zu Stars heran als Schauspieler"*
a)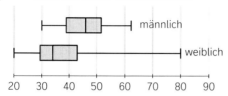
Alter von Oscar-GewinnerInnen

Weibliche Gewinnerinnen:
Minimum = 22, Maximum = 81, Median = 35, unteres Quartil = 29,5, oberes Quartil = 42,5
Männliche Gewinner:
Minimum = 30, Maximum = 62, Median = 44, unteres Quartil = 38, oberes Quartil = 50
b) Schauspieler bekommen in der Regel später ihren Oscar als ihre weiblichen Kolleginnen, „Im besten Alter" also.

⟨21⟩ *Schwergewichte*
a) Ein Gepard erreicht ein Gewicht von etwa 50 kg, ein Elefant bis zu 3 Tonnen.
b) Ein Elch wiegt ca. 300 kg (Median ist 6. Wert)
c) Zwischen dem oberen Quartil und dem Maximum ist eine große Spannbreite, obwohl hier nur noch zwei Tierarten liegen können. Das bedeutet, dass die oberen drei Werte sehr stark streuen. Anders sieht es für die leichtesten fünf Tiere aus. Ihre Werte streuen nur sehr wenig um ihren Mittelwert von rund 150 kg.
d) Die Werte für Pferdeantilope und Rothirsch liegen zwischen dem Median und dem oberen Quartil. Sie sollten ungefähr 400 kg wiegen.

253 ⟨22⟩ *Handbreite vergleichen – Wie liege ich zum Mittel?*
Schüleraktivität.

Kopfübungen
1. 1,3752 Mrd.
2. 4 %
3. a) $5w + 1$ b) $32c - 4$
4. (1) $a = 4\,cm$, $b = 5\,cm$; $\gamma = 90°$ (2) $a = 5,1\,cm$, $c = 4\,cm$, $\alpha = 45°$
5. -100
6. $\frac{25}{36}$
7. a) 104 b) $5 + 33x$

254

23 *Raubtiere und Huftiere*

a) Laufgeschwindigkeiten von Huftieren und Raubtieren

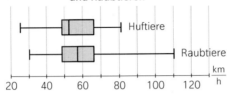

	Raubtiere	Huftiere
Minimum	30	25
Maximum	110	81
Median	57	53
Unteres Quartil	49	49
Oberes Quartil	67	67

Der Median liegt bei Raubtieren etwas höher als bei den Huftieren. Diese weisen dagegen eine größere Spannbreite in ihren mittleren Laufgeschwindigkeiten auf.

b) Stängel-Blatt-Diagramm für die mittleren Laufgeschwindigkeiten von Raubtieren und Huftieren:

```
Raubtiere  |    | Huftiere
           | 2  | 5
           | 3  |
        9  | 4  | 9
        7  | 5  | 3
        7  | 6  | 7
           | 8  | 1
        1  | 10 |
```

24 *Raubtiere und Nagetiere*

Mittlere Laufgeschwindigkeiten von Raubtieren und Nagetieren

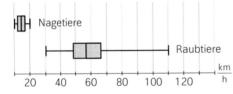

	Raubtiere	Nagetiere
Minimum	30	10
Maximum	110	20
Median	57	15
Unteres Quartil	49	13
Oberes Quartil	67	17

Es fallen beträchtliche Unterschiede in den mittleren Geschwindigkeiten zwischen Raubtieren und Nagetieren auf. Nagetiere erreichen eine maximale mittlere Geschwindigkeit von $20\,\frac{km}{h}$. Dementsprechend liegen die anderen Werte ebenfalls sehr viel niedriger als die der Raubtiere.

254 (25) *Tiere und Körpergewicht*

Aufgrund der extrem großen Spannweite der Körpergewichte (0,02 kg bis 4 500 kg) ist eine Darstellung aller Tiere in einem Diagramm nicht sinnvoll. Ebenso wenig sind arithmetisches Mittel und Median hier nicht sinnvoll zu berechnen.
Um eine sinnvolle Auswertung zu ermöglichen, sollte wie in den beiden

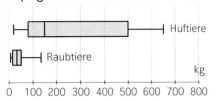

vorherigen Aufgaben eine Gegenüberstellung verschiedener Tierarten erfolgen. Beispielsweise Raubtiere und Huftiere (unter 3 000 kg) im Vergleich.
Im Boxplot unten ist deutlich erkennbar, dass die Raubtiere im Mittel leichter sind als die Huftiere. Zudem streuen ihre Körpergewichte relativ wenig im Vergleich zu den Huftieren. Sowohl bei Raub- als auch bei Huftieren lassen sich relativ große Ausreißer nach oben erkennen.

255 (26) *Tomatenanbau*

Die Mediane beider Tomatensorten sind gleich. Die Box bei Typ A ist breiter als bei Typ B, das bedeutet, dass die Gewichte bei der Hälfte der geernteten Tomaten hier mehr Unterschiede zeigen als bei Typ B. Insgesamt ist die Spannweite bei den Tomaten von Typ A auch größer als bei Typ B. Dem Betriebsleiter ist zu empfehlen, für möglichst gleich schwere Tomaten den Typ B zu wählen.

(27) *Reaktionszeitverbesserung?*

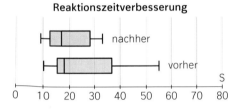

	vorher	nachher
Minimum	10	9
Maximum	55	33
Median	18	17
Unteres Quartil	15	13
Oberes Quartil	55	28

Im Schnitt sind die Teilnehmer schneller geworden (Median ist gesunken). Es fällt zudem auf, dass sich die Reaktionszeiten im Mittel eher angeglichen haben (kleinere Box). Der Streubereich ist ebenfalls kleiner geworden. Die Trainingsmethode hatte Erfolg.

(28) *Fußballnationalmannschaften*

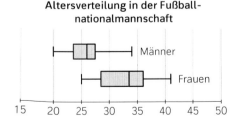

	Männer	Frauen
Minimum	20	25
Maximum	34	41
Median	26	33,5
Unteres Quartil	27,5	36
Oberes Quartil	34	41

255 [28] Die Behauptung, dass weibliche Kicker jünger als männliche sind, lässt sich beim Blick auf die Boxplots leicht widerlegen. Der Altersdurchschnitt der Damen ist deutlich höher als der der Männer (33,5 gegenüber 26). Die Spannbreite bezüglich des Alters bei den Frauen ist deutlich höher als bei den Männer. „Eine gute Mischung" der Altersklassen trifft daher eher auf die Frauennationalmannschaft zu.

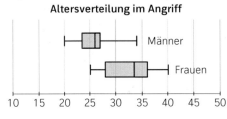

Altersverteilung im Angriff

	Männer	Frauen
Minimum	20	25
Maximum	34	40
Median	26	33,5
Unteres Quartil	27,5	28
Oberes Quartil	34	36

Altersverteilung in der Abwehr

	Männer	Frauen
Minimum	20	25
Maximum	34	40
Median	25	34,5
Unteres Quartil	25	30
Oberes Quartil	27,5	37

Anhand der Daten lässt sich erkennen, dass die allgemeine Aussage, der Angriff sei jünger als die Abwehr, nicht stimmt. Es zeigen sich hinsichtlich des Alters zwischen Angriff und Abwehr kaum Unterschiede bei Männern und Frauen. Insgesamt sind die Männer wieder jünger, wie schon im ersten Boxplot ersichtlich.

7.3 Sammeln und Auswerten von Daten

Das Kapitel 7.3 begleitet die Schülerinnen und Schüler bei der Planung, Durchführung und Auswertung einer eigenen statistischen Untersuchung. Die zahlreichen konkreten Beispiele und Fragen helfen ihnen dabei, möglichst selbstständig arbeiten zu können, aber dennoch typische „Anfängerfehler" zu vermeiden, damit die Arbeit erfolgreich abgeschlossen werden kann. Besonders ertragreich ist die Durchführung dieser selbst geplanten Untersuchung, wenn diese fächerübergreifend eingesetzt werden kann.
Inhaltlich geht es um eine zusammenfassende Darstellung vieler Einzelthemen zur Beschreibenden Statistik aus den letzten Schuljahren.